AF391199

LE

PIGEON VOYAGEUR

et les

COLOMBIERS MILITAIRES

Saint-Ghislain, Grand'Place, 19.
Imprimerie du Journal Colombophile « Sous les Toits »
1887.

LE
PIGEON VOYAGEUR
et les
COLOMBIERS MILITAIRES

PREMIÈRE PARTIE

Chapitre I.

Historique

L'origine du pigeon voyageur est très ancienne et nous n'avons pas besoin pour le démontrer de remonter jusqu'à la colombe sortie de l'Arche : Il suffit de jeter un coup d'œil dans l'histoire des anciens qui l'employaient déjà comme moyen de correspondance.

On cite un athlète de l'île d'Egine qui, se rendant aux jeux olympiques, emporta avec lui un pigeon. Après sa victoire, il lui attacha un ruban de pourpre à la patte et lui rendit la liberté,

Le messager retourna le même jour vers son nid.

Les Romains qui ne pouvaient assister aux courses des chars dans lesquelles ils étaient intéressés, y envoyaient leurs amis qui emportaient des pigeons destinés à rapporter la nouvelle à leurs propriétaires. Ces volatiles lâchés à l'issue du concours, étaient teints de la couleur du parti qui avait remporté la victoire,

Au siége de Modène, l'an 43 avant notre ère, on appliqua le vol du pigeon voyageur, pour la première fois, à l'art de la guerre.

Dès qu'il fût connu, ce procédé ne tarda pas à être exploité dans les places assiégées ; cependant, les Chrétiens n'en eurent connaissance que lorsqu'ils se rendirent en Palestine pour délivrer la ville de Jérusalem.

Pendant le siége de cette cité, on fit plusieurs fois usage du pigeon voyageur, et c'est grâce à lui que les Croisés apprirent les projets musulmans.

Une colombe, lâchée par les assiégés et chargée de porter un message important, fut poursuivie par un oiseau de proie et tomba sans vie au milieu des Chrétiens, dans les plaines de Ptolémaïs; ils trouvèrent sous son aile le billet qui leur révéla les desseins des Infidèles.

Plus on s'approche de notre siècle, plus les exemples sont nombreux : ainsi, à Hong-Kong, en Chine, aux sièges d'Harlem et de Venise et finalement pendant la campagne de 1870 -- 1871, le pigeon a joué un grand rôle comme messager.

Pendant l'investissement de Paris par les armées allemandes, ces voyageurs ailés rendirent d'immenses services à la France, en mettant la capitale en communication avec la province.

Des différents types et de leurs caractères

Il est inutile de passer en revue les caractéres distinctifs des différentes races, cela nous conduirait trop loin et ne nous avancerait à rien ; nous nous occuperons seulement de celle qui, suivant toutes les probabilités, a donné naissance, par le croisement et la s'élection, au pigeon messager qui forme actuellement la population des colombiers dits « de voyage. »

Par suite de la multitude des espèces et de leurs longs et fréquents déplacements, toutes les parties du monde sont peuplées de pigeons et il est très difficile d'en retrouver exactement l'origine.

Le type primitif, plié d'abord aux lois de la domesticité, mais qui a conservé des traces de son naturel sauvage, est le pigeon BISET. Il est moins productif que les autres mais plus facile à élever. C'est de ce type que semblent provenir tous les autres. Cette espèce n'existe plus à l'état sauvage que sur les côtes de la Méditerrannée mais, par contre, elle se trouve partout à l'état domestique. Il est nécessaire de parler du pigeon voyageur proprement dit qui est originaire de l'Amérique septentrionale, où il vit à l'état sauvage en bandes nombreuses qui, au printemps et à l'automne, traversent les contrées situées entre le 20ᵉ et le 60ᵉ degré de latitude nord. Cette race est si nombreuse, elle circule en bandes tellement étendues et compactes, que lors du passage, le ciel est obscurci pendant plusieurs heures.

Ainsi que nous venons de le dire, par le croisement et la sélection, on a modifié et amélioré les races après un certain nombre de générations et on est arrivé à former des sous-races qui, pour le pigeon messager actuel, ont donné naissance aux trois types suivants :

1° le type Liégeois ;
2° le type Anversois ;
3° le type Irlandais.

Le pigeon a pour caractères :
Le bec assez faible, droit, recouvert à sa base d'une membrane voûtée sur le côté et assez étroite vers l'extrémité ; les narines sont oblongues et creusées vers le milieu du bec, dans une substance cartilagineuse plus ou moins épaisse et molle suivant les espèces.

Les ailes sont assez longues, les pieds marcheurs ont quatre doigts, trois en avant et un en arrière, articulés au même niveau.

Par sa conformation, ses mœurs douces et familières, le pigeon tient de la famille des gallinacés ; mais les espèces sont si nombreuses, que les naturalistes en ont fait une famille particulière à laquelle ils ont donné le nom de race colombine, pour la différencier des gallinacés et des passereaux entre lesquels elle sert d'intermédiaire.

Le pigeon est un granivore, mais lorsqu'il a faim et que la graine lui manque, il se nourrit très bien de pain, de pomme de terre, de baies, etc.

La membrane qui tapisse le jabot est très extensible, ce qui permet aux aliments de subir, dans cette partie de l'organisme, une macération qui facilite la digestion.

L'estomac, organe dans lequel la digestion s'achève, renferme des muscles très puissants, aidés dans leur action par des cailloux dont l'animal a soin de garnir son gésier, afin de permettre la trituration des graines et autres substances.

Sa tête est arrondie avec un léger applatissement vers la partie supérieure.

Son cou est dégagé.

Sa voix ressemble à un cri prolongé, doux et craintif, désigné sous le nom de roucoulement. Chez le mâle, le roucoulement est plus fort, plus soutenu et plus fréquent que chez la femelle. Lorsqu'il roucoule, le pigeon introduit de l'air dans sa gorge, produit ainsi un gonflement et se donne un aspect plus beau, plus fier et plus séduisant.

Il boit s'en renverser le cou ; il aime à se baigner et à se sécouer pour se débarrasser des parasites qui couvrent ses plumes.

La vue et l'ouïe sont excellentes et très actives. Ces deux

propriétés, jointes à celles de la rapidité du vol et de l'instinct d'orientation, constituent les qualités précieuses en vertu des quelles on l'emploie comme messager.

La queue, généralement composée de douze plumes soutenues en dessous par douze plumes plus petites, agit comme un gouvernail dont les mouvements seraient subordonnés et reliés à ceux des ailes.

Les ailes constituent avec la queue l'appareil qui permet au pigeon d'exercer son vol et de le diriger dans l'atmosphère. Elles se composent chacune de trois parties reliées entre elles par trois articulations, et recouvertes d'une membrane dans laquelle se trouvent les cellules qui renferment les tubes des plumes.

Les pattes servent au pigeon pour se mouvoir et se percher. Elles ne sont généralement pas palmées, mais il n'est pas rare de rencontrer, même de bons sujets, ayant plusieurs doigts palmés.

Examinons à présent les trois types dont nous venons de parler.

1° Le pigeon Liégeois est petit de taille ; il a l'œil vif et non entouré d'une épaisse membrane; ce n'est que après plusieurs années qu'une légère croute se développe autour de l'œil et enveloppe son orbite. Cette croute est abituellement grisâtre chez le bon pigeon.

Le bec est court, la protubérance membraneuse peu développée ; le cou, sans être long, est dégagé et parfois jaboté ; le corps assez long, la poitrine profonde, le sternum épais et court. Le plumage, de couleurs variées suivant les combinaisons des croisements, est généralement bleu ou écaillé.

Ajoutons bien vite que, contrairement à ce qu'en disent certains auteurs, le plumage n'a aucun effet sur la valeur des races.

L'œil, de nuance noirâtre, est bordé d'une bande rouge très mince ; il est parfois blanchâtre et l'on rencontre même des yeux tricolores (rouge, jaune et noir). Ces différentes nuances dans la couleur des yeux n'exercent, pas plus que le plumage, aucune influence sur le mérite des sujets.

La race Liégeoise est réputée la meilleure du pays, surtout pour les longs parcours.

2° Le pigeon Anversois est plus haut sur pattes, le cou et le bec sont plus longs et plus forts ; les morilles du bec plus développées ; la poitrine est plus large et les ailes sont plus longues. Cette espèce est également très bonne et fournit des messagers ayant un vol très-rapide.

3° Le pigeon Irlandais est très-fort, trapu et ramassé sur

lui-même. Il est employé à améliorer les deux races que nous venons de décrire.

Par une sélection intelligente dont l'existence est démontrée par les nuances des yeux, la multitude des couleurs et des formes, on est arrivé, en opérant sur les trois races qui viennent d'être énumérées, à obtenir des pigeons voyageurs réunissant à la fois, l'œil, la force, l'intelligence et la rapidité du vol voulus pour accomplir les plus grands trajets dans un temps très court.

Ces trois types ainsi que toutes leurs sous-races peuvent être classés dans une seule catégorie que nous appellerons « le pigeon belge. »

Chacun sait que c'est en Belgique que la science colombophile a vu le jour, que c'est dans notre pays qu'elle a grandi et qu'elle s'est développée, que c'est chez nous, enfin, que les puissances étrangères sont venues puiser les sujets nécessaires, pour peupler les colombiers qui devront un jour assurer le service de leur poste aérienne.

Un des principaux caractères des trois types décrits et de leurs sous-races, est celui en vertu duquel le pigeon a un grand attachement pour les parents qui l'ont élevé, pour le lieu qui l'a vu naître et où il a grandi.

Il a également l'amour de la société, l'attachement pour ses semblables, la douceur des mœurs, la fidélité réciproque et l'amour sans partage du mâle et de la femelle.

C'est un animal gracieux, rempli de tendresse, qui fait tout ce qu'il peut pour plaire et qui prodigue à sa compagne ou à celle qu'il recherche, les caresses les plus tendres.

Pour juger de la coquetterie et de la galanterie que le pigeon apporte dans ses procédés à l'égard de sa femelle, il suffit de l'examiner au moment ou il manifeste ses désirs ardents : que de tours, que de roucoulements joyeux pour arriver à obtenir les baisers timides de sa compagne. Celle-ci d'abord insensible aux avances de son mâle, lui rend bientôt les mêmes caresses jusqu'à l'acte de l'union, qui ne dure qu'un moment· mais dont les préludes sont, pour ces oiseaux d'une joie délicieuse.

Après ces heureux instants, ils ne sont pas dégoûtés au contraire, ils sont ranimés par de nouveaux désirs qu'ils ont le pouvoir de contenter souvent.

Mais à côté de tant de gentillesse, d'amour et de fidélité, il existe de la part de quelques-uns, des écarts de conduite qu'il est bon de faire connaître.

On voit parfois un mâle abandonner sa femelle après la ponte, pour aller faire la cour à une autre préférée avec laquelle il ne tarde pas à lier connaissance intime, tout en forçant sa femelle en titre à partager son union.

Il finit par avoir des œufs avec les deux femelles ; celles-ci les couvent respectivement, mais le mâle ne partage les soins de la couvée qu'avec sa première compagne. L'autre couve seule pendant toute la période et lorsque ses petits ont vu le jour, elle se charge de leur élevage.

Quelquefois deux mâles se battent pour la même femelle et le combat va tellement loin, qu'il faut qu'un des deux périsse ou quitte le colombier.

Parfois aussi, une femelle délaisse son mâle, le fuit, refuse ses baisers et ses caresses pour se livrer, par simple caprice sans doute, au premier mâle venu.

On voit encore deux mâles fatigués ou mécontents de leurs compagnes, s'unir, se procurer les plus tendres caresses, s'entendre à merveille et finir par se livrer entre eux à des échanges.

Il est à remarquer qu'après le contact intime, le mâle fait très souvent auprès de sa femelle, le manège que celle-ci faisait auprès de lui avant la jouissance. Il se courbe, étend légèrement les ailes, relève la queue, invitant ainsi sa compagne à se livrer sur lui à un nouveau contact.

Tous ces exemples sont parfaitement connus de tous les amateurs et ne paraîtront étranges ou invraisemblables qu'à ceux qui ne tiennent pas de pigeons et qui regardent cet oiseau comme représentant entièrement le symbole de la douceur et de la fidélité.

Propagation des espèces

Après toutes les sélections et tous les croisements qui ont été faits depuis tant d'années, est il encore possible de trouver des sujets purs représentant les caractères et les formes du type primitif ? Nous croyons que non, du moins en ce qui concerne le véritable pigeon messager.

Nous savons qu'il existe encore à Liége et à Anvers des pigeons se rapprochant de très près de la race pure, mais ce sont là de rares exceptions et on peut dire que dans l'état actuel de la science colombophile, il n'y a plus de races bien caractérisées mais qu'il existe une foule de sous-races.

Chaque amateur sérieux, connaissant les règles de la

reproduction et sachant les appliquer, opère d'après ses vues, ses convictions ; il cherche en quelque sorte, par une sélection intelligente, à se créer une race à lui, qu'il obtiendra à force d'étude, de travail et d'expérience.

Mais ils sont bien rares ceux qui procèdent de la sorte. Le hasard est presque toujours la cause qui donne à beaucoup de colombophiles les sujets les plus renommés de leurs colombiers. Parmi les milliers de pigeons qui sont soumis aux entraînements à l'époque où cette opération s'accomplit, et qui plus tard participent aux différents concours, il y en a beaucoup qui, par suite d'indisposition, du mauvais temps, de leur âge peu avancé, de leur manque d'expérience ou du long trajet à accomplir, ne parviennent jamais à regagner le colombier et sont obligés de chercher asile dans des pigeonniers étrangers, où ils finissent par se plaire et où ils restent, ne pensant plus à la famille qu'ils ont quittée, au lieu chéri qui les a vus naître et grandir, au nid de leurs premières amours !

Cependant, pour avoir été soumis à des entraînements ou mis aux concours, ces pigeons devaient déjà avoir remporté quelque succès. Ils possédaient donc des qualités sérieuses empruntées au sang, d'une race estimée par le propriétaire et en les combinant avec celles des sujets du colombier adoptif, on pourra obtenir de nouveaux rejetons ayant du mérite.

Lorsque vient la saison des lâchers de jeunes pigeons, que de pauvres voyageurs ailés, trop faibles encore pour accomplir les plus petits trajets, sont parfois livrés aux rigueurs et aux intempéries des mauvaises journées qui sévissent souvent sous notre latitude !

Ceux-là aussi doivent chercher un refuge dans des pigeonniers étrangers où ils s'installent sans tarder à oublier leur première demeure dont le souvenir s'efface bien vite de leur mémoire non encore développée. C'est avec ces jeunes pigeons dont on ignore la provenance et la race, que la plupart des amateurs peuplent leurs colombiers d'excellents sujets.

Il ne suffit pas de produire des pigeons de race, il faut encore les dresser et ne pas les gaspiller pour satisfaire le désir inspiré par une prompte réussite.

C'est par les moyens que nous venons d'indiquer, bien plus que par une sélection intelligente, que tout le pays possède des pigeons voyageurs qui se font remarquer dans tous les concours.

Ajoutons à cela les ventes nombreuses qui se font et où les amateurs véritablement désireux d'obtenir de bons reproducteurs, peuvent moyennant des prix très élevés, se procurer des sujets connus et sur lesquels ils pourront compter, s'ils les soumettent aux lois des croisements.

Pour ne citer qu'un exemple des plus récents, nous dirons que dans le courant du mois de novembre 1886, un amateur bruxellois, Mr Plettinckx, connu de tout le monde colombophile, a fait une vente dont le produit s'est élevé a 6000 francs environ pour un nombre de pigeons ne dépassant pas 100.

Conditions auxquelles doit satisfaire un colombier

La condition principale à examiner avant de s'occuper de la reproduction, est celle relative á la demeure qui doit servir d'asile aux pigeons.

Cette question est très-importante ; la réussite des projets en dépend, et il est inutile de croire qu'on peut arriver à obtenir des sujets capables de satisfaire aux exigences des services importants qu'on attend d'eux si l'on n'a, au préalable et en tous points, soigné leur installation. Ceci est la question hygiénique qui joue un grand rôle dans la reproduction. Un colombier doit être sain et très-élevé. Pour être sain, il doit être spacieux sans excès, sec, propre, aéré, éclairé et exposé autant que possible au midi.

Le pigeonnier doit être spacieux, sec et propre, afin d'éviter l'encombrement, l'humidité et le développement des miasmes qui engendrent des affections difficiles à faire disparaître ; exposé au midi, afin d'être abrité contre les vents du nord et de recevoir, dès les premiers moments de la journée, les rayons bienfaisants du soleil qui réchauffent les pigeonneaux et accélèrent leur développement physique.

La propreté la plus grande doit toujours y régner ; les matières fécales doivent être enlevées chaque jour, et une légère couche de sable doit recouvrir le plancher.

Lorsqu'on nettoie un pigeonnier, il faut avoir soin de soulever les plateaux dont nous allons parler et de nettoyer la place qu'ils occupent ; c'est là que pendant l'élevage les insectes se rassemblent pour former en très peu de temps, de véritables essaims. Le badigeonnage est indispensable deux fois l'an : au printemps et à l'automne.

En un mot, rien ne doit être négligé pour entretenir dans le plus parfait état de propreté et de conservation, les habitations oú reposent les messager fidèles qui ont déjà rendu tant de services et qui sont appelés à en rendre plus encore. On doit construire le pigeonnier dans la partie la plus élevée des habitations pour les soustraire aux atteintes des animaux nuisibles, tels que, chats, belettes, fouines, rats, etc. Situé sur un point culminant, il a encore l'avantage d'être aperçu de très loin et de permettre d'aduire facilement les pigeonneaux.

Le pigeonnier doit contenir une cage pour chaque couple de pigeons afin que pendant l'incubation et l'élevage, les reproducteurs ne soient pas incommodés par leurs semblables.

Ces cages peuvent encore servir aux accouplements.

Dans chacune d'elles, doivent se trouver deux plateaux en terre cuite ; l'un pour recevoir les petits, l'autre les œufs de la couvée suivante, parce qu'il arrive fort souvent de nouveaux œufs avant que les premiers jeunes soient entièrement élevés. Chaque cage doit être traversée par une tringle ou une baguette servant de perchoir, et le pigeonnier doit contenir une fontaine pour le boire et un réservoir pour les bains.

La sortie du pigeonnier doit être large et facile afin d'éviter les blessures. Elle doit être protégée contre les grands vents, les pluies torrentielles et les animaux nocturnes, par une fenêtre qu'il faut avoir soin de fermer chaque soir. En été, cette fenêtre peut être remplacée par un treillis qui permettra à l'air de circuler librement dans le colombier.

Une cage placée à l'extérieur et appuyée sur la base de l'encadrement de la fenêtre, servira de point de repère et de rentrée. Elle permettra aussi d'empêcher les pigeons de sortir, tout en leur laissant la faculté d'aller respirer l'air du dehors.

Il est inutile de décrire cette cage, tous les modèles conviennent au même degré.

Des perches servant de reposoir doivent être placées transversalement dans le colombier, afin que les jeunes pigeons et ceux qui ne logent pas dans leur petite demeure, puissent se reposer convenablement. L'expérience a démontré que le pigeon préfère se percher que de séjourner sur un support. C'est là une des habitudes sauvages qu'il a conservées à l'état domestique.

Installés de la sorte, les pigeons trouvent dans leur petite cage une seconde demeure qui leur est personnelle et à laquelle ils tiennent autant qu'à eux-mêmes.

Régime alimentaire

Le pigeon doit, comme tous les êtres de la création, pour être sain, faire l'objet de soins continus. Aussi le régime alimentaire auquel on le soumet, doit préoccuper l'amateur bien plus qu'on le pense généralement.

Les pigeons savent certainement, trouver sur les champs les grains nécessaires à leur subsistance, mais les campagnes ne sont pas, pendant toute l'année, recouvertes de nourriture : les pigeons ne peuvent pas non plus sortir continuellement et il faut dans ces cas, pourvoir aux besoins de leur existence.

Ces oiseaux étant essentiellement granivores, les graines doivent former la base de leur alimentation.

Celles qu'on emploie le plus ordinairement et qui réunissent les meilleurs principes nutritifs, sont la vesce, la féverole et même le froment. On leur donne aussi, comme. appât seulement, le colza, la navette et le riz.

La nourriture doit être variée mais, pour le pigeon messager, cette variation ne peut se faire à l'époque de l'élevage, des voyages et de la mue, qu'entre la vesce et la féverole, et ce qui convient le mieux, c'est un mélange de ces deux sortes de graines.

Pendant l'élevage, une bonne nourriture jointe à un milieu hygiénique, assurent le développement des pigeonneaux. Pendant les voyages, elle donne aux concurrents la force et la vigueur physiques nécessaires pour accomplir leurs parcours.; enfin, pendant la mue, elle leur permet de supporter les effets de cette véritable maladie que tous les pigeons doivent faire chaque année pour changer de plumage.

Si l'on donne la vesce seule, voici ce qui peut se présenter : les sociétés qui organisent souvent des concours ont des approvisionnements de féveroles pour nourrir les concurrents, depuis le jour de la mise en loges jusqu'à celui du lâcher ; les pigeons non habitués à manger cette graine, qui est parfois très grosse, ne pourront la saisir et seront pris par la faim dès le début du parcours en chemin de fer. C'est fort préjudiciable à la santé et, par suite, à la valeur du pigeon, dont le propriétaire se demandera pourquoi son messager qui ordinairement arrivait dans d'excellentes conditions à, cette fois, mis beaucoup plus de temps pour effectuer son trajet.

De l'inconvénient qui précède, résulte la nécessité d'habituer les pigeons à se nourrir d'un mélange de vesces et de féveroles.

Les pigeons aiment beaucoup le froment et, pour s'en convaincre, il suffit, lorsqu'ils semblent repus de leur nourriture ordinaire, de leur donner une poignée de cete graine pour voir renaître leur appétit. Mais cette substance ne convient que pour la saison d'hiver, et encore faut-il avoir soin de la mélanger avec d'autres graines moins fortes que la vesce et la féverole.

La vesce, pour être bonne, doit être pesante, ne présenter aucun renflement, aucun trou et être dépourvue de points blancs à sa surface.

La féverole doit réunir les mêmes conditions.

Ces graines doivent être exemptes d'humidité car celle-ci amènerait bientôt la moisissure.

Le maïs ne vaut rien : trop farineux, il fait grossir les pigeons sans augmenter leur force musculaire. Il les rend aussi indolents et paresseux.

Le pigeon, cependant, l'aime beaucoup ; il le mange avec une telle avidité que ces graines obstruent son oesophage et le forcent pour les faire descendre dans le gésier, d'allonger le cou et de faire des contorsions. Un autre défaut, non moins grand, de cette graine, c'est que les pigeonneaux en la recevant de leurs nourriciers, en conservent, parfois dans l'arrière bec, un grain qui s'y attache et y développe un cancer, maladie incurable et contagieuse.

Il faut donc s'en tenir à ce que nous venons d'exposer, sans jamais perdre de vue que les graines trop jeunes occasionnent le dévoiement chez les vieux pigeons, et que les substances germées font un tort immense à la santé de tous les granivores.

Il faut bien se garder de donner du chènevis aux pigeons, sous peine d'amener la morve dans son colombier. Cette affection est très grave. La guérison est lente et difficile a obtenir, surtout chez les jeunes pigeons.

Le pigeon a un penchant bien marqué pour le sel ; aussi ne doit on jamais oublier de placer dans les colombiers, un plateau contenant un morceau de sel brut. Une brique pilée, mélangée avec de la poussière de mortier, constitue un véritable ragoût pour les pigeons, surtout pour ceux qui sont prisonniers.

Il est d'usage de placer dans les pigeonniers une mangeoire où les sujets viennent prendre leurs graines. C'est une erreur de procéder de la sorte : le pigeon doit toujours être soigné, aux mêmes heures suivant la saison et autant que possible par la même personne. Habitué à ce régime, il suffit, lorsqu'il rôde sur les toits voisins, d'un simple appel de son maître pour le faire rentrer. Ce procédé est un élément sérieux dont on doit tenir compte en temps de concours. Nous pouvons même dire que certains amateurs. emploient, avec succès une petite sonnette qui invite les retardataires à venir participer aux repas. Dès qu'ils entendent le son de l'instrument, ils rentrent précipitamment, prennent leur nourriture, et manifestent ensuite leur joie par des roucoulements. C'est alors qu'on leur donne leur dessert qui consiste en quelques graines de navette, de colza ou de riz.

Entouré de ces attentions, de ces soins, le pigeon prend, pour sa demeure, un attachement sans bornes et, lorsqu'il arrive d'un voyage pendant lequel il a subi fatigue et privation, il est heureux de rentrer de suite au logis, où son maître l'attend pour lui prodiguer de nouveaux soins.

Parlons maintenant du boire :

L'eau des fontaines doit être renouvelée chaque jour. L'orsqu'elle séjourne plus longtemps dans ces récipients, elle se corrompt, Il faut bien se garder, pendant les périodes de chaleur, de verser aux pigeons de l'eau venant directement de la pompe, à moins de provoquer des refroidissements qui ne tarderaient pas à dégénérer en phtysies. L'eau doit être pompée une demi heure au moins avant de la servir.

En hiver, il faut également éviter de donner de l'eau glacée.

Le régime alimentaire doit changer suivant la saison.

En hiver, il doit être réglé de manière à ne pas échauffer le pigeon qui, dès lors, rechercherait sa femelle et dépenserait, à une époque où l'élevage doit être supprimé, les forces dont il aura tant besoin lorsque le printemps sera venu.

Pour arriver à ce résultat, on diminue la quantité et on change le genre de nourriture, mais graduellement, de manière à arriver à son but sans une transition brusque, qui jetterait le trouble dans les fonctions digestives.

On soigne alors les pigeons deux fois par jour, le matin vers 9 heures et l'après dînée vers 3 heures.

Au moment de l'élevage, des voyages et de la mue, le régime doit changer à ces époques, la nourriture doit être forte, sans être trop abondante, et distribuée trois fois par jour : le matin, dès l'aurore, à midi et à 5 heures du soir. Tout amateur doit prendre pour habitude de soigner ses pigeons de très-bonne heure afin que, les jours de lâcher, le régime alimentaire ne soit pas modifié.

Une harmonie continuelle doit régner entre tous les moyens employés pour assurer aux pigeons une hygiène parfaite, et on ne doit pas oublier qu'une seule déviation aux régles que l'expérience à tracées, peut détruire les efforts de bien des mois et amener des désastres.

Accouplements

L'accouplement est l'acte par lequel on unit le mâle à la femelle. Il a lieu dans le courant du mois de février, de manière à ce que les jeunes puissent sortir au commencement d'Avril. Cette opération est la plus importante et on ne saurait la combiner avec trop de soin.

Nous avons dit que la sélection est l'amélioration de la race par le choix des reproducteurs ; il faut donc raisonner ce choix pour arriver á obtenir des sujets d'élite. Il n'y a pas de règles fixes pour l'accouplement et il est difficile d'en établir parce que chaque amateur a ses procédés particuliers et que les règles changent suivant les sujets, les milieux et les circonstances.

Fort peu d'amateurs, vu le grand nombre, réussissent dans cette opération et parmi ceux qui obtiennent de bons résultats, beaucoup les doivent à la sélection naturelle en vertu de laquelle certains types jouissent de la propriété de se modifier graduellement, en raison des circonstances qui existent dans des milieux renfermant des principes qui favorisent la transformation des races.

Aussi, pour ceux-là, le succès est de peu de durée ; il cesse même dès que les conditions favorables qui lui ont donné naissance n'existent plus.

Mais il n'en sera pas de même pour ceux qui recherchent pour l'accouplement, des sujets réunissant au plus haut degré, force, vivacité de l'œil, conformation régulière et rapidité dans le vol ; ceux-là fixeront dans leur race, des qualités précieuses qui se révèleront chez les descendants.

Il ne faut pas entendre par là, qu'un couple de pigeons réunissant toutes ces qualités donnera naissance à un produit de même valeur ; il faut en déduire que, par cette opération, les principes de la race auront été mieux fixés et que les propriétés des parents se manifesteront avec plus d'intensité chez les descendants des générations suivantes.

L'amateur doit par une étude soutenue, s'appliquer à rechercher les défauts de sa race et tâcher de les faire disparaître en partie au moins, en croisant les sujets de cette espèce avec ceux d'une autre race qui ne les possède pas ou qui ne les possède qu'á un faible degré.

En un mot, il faut amener l'équilibre dans les facultés

qui concourent à rendre un pigeon un sujet d'élite. On arrivera à ce résultat après peu de générations.

Il résulte de cette manière de voir que tout consiste à fixer les principes d'une nouvelle race et à les développer ou au moins à les maintenir sans avoir égard aux sujet mis en présence, sous le rapport de la parenté.

La sélection découle de la loi d'hérédité d'après laquelle les parents sont supposés transmettre à leur progéniture, les formes, les caractères et les aptitudes qu'ils possèdent.

Cette loi n'est pas immuable ; elle varie suivant les sujets et les circonstances. Plus le mâle et la femelle constituant le couple, possèdent les qualités recherchées à un haut degré, mieux la race sera fixée. Ce n'est pas parce qu'un couple de pigeons choisis ne donne pas directement de bons jeunes que le croisement ne vaut rien ; cela démontre que la race n'est pas suffisamment fixée, qu'elle est en formation et qu'en continuant à l'améliorer, on arrivera à de parfaits résultats.

Les descendants directs, dans ce cas, au lieu de tenir de leur parents, reproduisent les caractères de leurs ascendants.

Les changements favorables obtenus par le croisement ne se transmettent pas toujours par voie de génération, mais ils ont pour but de mieux établir la race qui, dans une transmission ultérieure, produira des sujets de premier ordre.

Il ne faut pas perdre de vue que la sélection dépend aussi du milieu hygiénique dans lequel on opère.

C'est pour cette raison qu'il ne faut rien négliger pour assurer aux pigeons une bonne hygiène.

La femelle joue dans la reproduction, un rôle plus grand que le mâle, parce que c'est elle qui donne le plus d'éléments à la nouvelle combinaison. C'est pour celà que, lorsqu'on possède de bonnes femelles, il ne faut pas en abuser pour les voyages ; il faut au contraire les conserver pour la reproduction. Il sera encore temps d'en user, dans les colombiers militaires, surtout l'orsque les moments critiques seront venus et qu'on devra employer tous les sujets qu'on possède.

Dans les accouplements, on doit tenir compte de la différence d'âge des reproducteurs qui ne peuvent guère donner de bons produits avant d'avoir deux ans et qui doivent cesser d'en donner dès qu'ils ont atteint l'âge de huit ans. En principe une jeune femelle doit faire couple avec un mâle plus âgé et réciproquement.

On a cependant vu des jeunes pigeons accouplés ensemble donner d'excellents produits. Ce fait se remarque surtout chez les pigeons d'arrière saison, mais c'est une exception.

Pourquoi la consanguinité est elle pour ainsi dire bannie de la science colombophile par la plupart des amateurs ? Nous l'ignorons, mais nous pensons que c'est à tort : elle ne mérite nullement les reproches qu'on lui adresse et qui du reste, ne reposent que sur des préjugés.

Si tous les animaux qui vivent à l'état sauvage devaient dégénérer par suite de la consanguinité, nous nous demandons ce que seraient aujourd'hui les différentes races qui cependant possèdent toujours des sujets ayant les caractères et les formes de la race primitive.

Il importe peu que les sujets que l'on veut mettre en présence appartiennent à la même famille ; ce qu'il faut : c'est qu'ils soient bien conformés et incapables de donner naissance à de misérables avortons, bons tout au plus, pour les besoins de la cuisine.

Dans le courant du mois de novembre, certains amateurs séparent les mâles des femelles jusqu'à l'époque des accouplements. Cette manière de procéder présente l'avantage d'empêcher les pigeons, lorsque la saison est douce, de nicher et de s'épuiser, en vain à une époque où la reproduction ne doit pas avoir lieu ; mais elle a par contre des inconvénients : les femelles ne peuvent plus sortir et les mâles ne sont laissés en liberté que vers la fin de la journée.

Arracher un mâle à sa femelle et réciproquement, c'est diminuer l'attachement de ces êtres pour leur colombier, rompre l'harmonie que la nature si juste et si prévoyante s'est plu à établir et nuire au but qu'on se propose d'atteindre. Il est tellement vrai que l'affection disparait sans l'union que les femelles sans mâles quittent souvent leur pigeonnier pour aller chercher autre part l'objet de leurs désirs.

Le seul avantage que nous avons signalé peut très facilement être obtenu en ne séparant pas les pigeons. Il suffit de régler la distribution de la nourriture de manière à ne pas échauffer les pigeons.

Il faut alors s'en rapporter au régime alimentaire que nous avons préconisé pour l'hiver.

La ponte et l'incubation

Immèdiatement après leur accouplement, le mâle et la femelle préparent leur nid. Le mâle s'y installe le premier et y attire sa compagne par ses cris et ses roucoulements. Celle-ci s'y rend et y couche souvent plusieurs nuits avant d'y pondre.

La ponte est de deux œufs blancs et se fait avec un intervalle d'un jour entre chaque œuf.

Le père et la mère se partagent les soins de l'incubation. Le mâle couve d'habitude de neuf heures du matin à trois heures de l'après-midi et la femelle pendant le restant de la journée et durant toute la nuit. Ceci est le cas général mais il n'est pas rare de voir le mâle et la femelle couver à tour de rôle à n'importe quel instant de la journée. La nuit c'est toujours la femelle qui recouvre les œufs à moins qu'elle ne soit momentanément absente ; dans ce cas, c'est le mâle qui remplit ce devoir. Si l'absence de sa compagne se prolonge, il abandonne les œufs.

L'incubation dure 18 jours. Elle consiste à transformer par la chaleur, un œuf fécondé en un oiseau vivant. Pour arriver à ce résultat, les pigeons couvent leurs œufs et ne les quittent que pour satisfaire leur faim, leur soif ou pour échapper à un danger.

La femelle tient énormément à ses œufs et lorsqu'on vient la déranger, elle se défend, et distribue des coups de bec et d'aile au méchant qui la contrarie. Le mâle est habituellement moins attaché à la couvée ; il s'enfuit dès qu'on approche du nid.

Puisqu'il est avantageux de ne laisser élever qu'un jeune à la fois par un même couple, on s'inquiète souvent fort peu de savoir si les œufs sont fécondés parce qu'il est très rare que dans une couvée, les deux œufs soient mauvais. Mais on possède parfois un couple de pigeons hors ligne dont on aime à conserver les produits. Il est nécessaire dans ce cas, de savoir si les œufs sont fécondés parce que lorsqu'ils le sont tous deux, on peut les faire couver par d'autres couples.

Il est aisé de s'apercevoir ; après trois jours de couvée, si les œufs sont fécondés. L'œuf clair conserve plus ou moins sa transparence, tandis que l'autre la perd graduellement.

A peine l'incubation a-t-elle duré un jour ou deux que l'on voit un commencement d'organisation dans le germe qui occupe toujours la partie supérieure du jaune, quelle que soit la position de l'œuf.

Chaque jour accomplit son œuvre en développant les organes des petits êtres qui pourront bientôt sortir de leur prison.

Le pigeonneau se nourrit au moyent du jaune et respire en absorbant l'air athmosphérique qui traverse la coquille. A la fin de l'incubation, celle-ci est rompue par le bec du jeune pigeon dont le développement tend a rompre l'enveloppe qui le contient. Si la nature ne peut achever son œuvre il faut avoir soin de lui venir en aide en soulevant légèrement la coquille.

Il est nécessaire de s'abstenir de toucher aux œufs pendant la couvée et c'est ce que fort peu d'amateurs savent faire. A peine l'œuf a-t-il été pondu, que déjà ils s'empressent de le saisir, pour l'examiner et ce manége dure tout le temps de l'incubation. Ils s'étonnent alors de ne pas réussir et d'avoir rarement des jeunes bien venus.

La ponte est souvent difficile et douloureuse pour la femelle, elle est en proie à une véritable fièvre ; elle ne mange presque plus et ne quitte pas son nid. La peine qu'elle se donne pour faire passer l'œuf est tellement grande, qu'au moment où il sort de l'orifice, la queue est perpendiculaire au corps de l'oiseau.

De couchée dans son nid qu'elle était, elle se relève pour laisser sécher son œuf, se replace bientôt dans son ancienne position et quitte ensuite sa couchette où elle ne s'installe définitivement que lorsque le second œuf a été pondu. C'est à partir de ce moment que commence l'incubation.

Il arrive parfois que des femelles expirent parce qu'elles ne savent pas pondre et nous avons vu bien souvent broyer l'œuf au passage, pour leur sauver la vie.

On ne doit pas oublier que les femelles maigrissent pendant et surtout vers la fin de l'ncubation. Afin de leur conserver la force physique nécessaire pour leur permettre d'élever facilement leurs petits, on doit les alimenter en particulier, au moyen d'une bonne nourriture déposée dans leur cage aux heures des distributions.

On rencontre, mais assez rarement chez les pigeons en liberté, des femelles qui pondent des œufs dont l'enveloppe est mince et molle.

Si ce fait est dû à l'affaiblissement des organes ou est la conséquense d'un état maladif, il faut séparer la femelle de son mâle et lui servir une nourriture variée. Dès que la guérison sera complète, les œufs pondus seront bien conformés. Mais si cette affection est à l'état permanent, il est très difficile d'y remédier, et ce qu'il y à de mieux à faire, c'est de se débarrasser de la femelle qui en est atteinte.

Lorsque les pigeons sont prisonniers, ce phénomène est dû généralement au manque de certaines subtances qui concourent à la formation de la coquille ; substances que les femelles ne peuvent se procurer que dans les champs, sur les tours, les toits et les vieux murs. Dans ce cas, il y a moyen de porter remède à la chose et il suffit de déposer, dans le pigeonnier, un vase contenant des coquilles d'œufs, du sable, de la brique pillée, du salpêtre et un peu de sel brut.

Plusieurs pontes successives affaiblissent le couple et les jeunes qui en résultent s'en ressentent considérablement, surtout si la nourriture qu'on donne aux parents n'est pas abondante et de première qualité.

Il est indispensable de tenir soigneusement note des pontes, afin de connaître exactement les jours auxquels les éclosions doivent avoir lieu. De cette manière, on ne sera pas exposé à faire voyager des pigeons qui, par suite d'une éclosion prochaine, sont peu aptes à effectuer une étape, surtout si elle est assez longue. Un soin tout particulier préside à l'incubation et l'on ne verra jamais le mâle ni la femelle se remettre sur les œufs, sans avoir eu soin, au préalable, de les retourner, afin que les deux faces soient toujours soumises pendant le même temps, à la chaleur développée.

L'Élevage

Dans les premiers jours, les petits sont simplement couverts d'un léger duvet d'un blanc jaunâtre et les parents ne les quittent jamais, afin de les garder bien chaudement. Ils sont alimentés avec une espèce de bouillie sécrétée par les parois de la face interne de l'œsophage, à l'endroit où cet organe se dilate pour former le jabot.

Au fur et à mesure que les jeunes grandissent, cette sécrétion diminue et finit par cesser. Alors, les pigeonneaux sont nourris au moyen des aliments pris par leurs parents.

Les colombins ont une manière toute particulière de nourrir leurs petits. Au lieu d'ouvrir largement le bec, comme le font tous les oiseaux, les jeunes pigeons l'introduisent dans celui de leurs nourriciers et l'y tiennent ouvert. Ceux-ci, par un mouvement convulsif, font remonter dans la gorge les aliments à moitié digérés et les poussent dans le bec de leurs jeunes. Ce mouvement est accompagné de battements d'ailes et de tremblements nerveux très pénibles pour les parents.

C'est à cette époque de la saison que les pigeons doivent recevoir une nourriture renfermant les meilleurs principes nutritifs ; leur santé et celle de leurs petits en dépendent. Pour se développer graduellement et convenablement, les pigeonneaux doivent être mis à l'abri de toute humidité, des courants d'air et d'une trop grande clarté.

Il faut tenir les nids et leurs abords dans le plus grand état de propreté, afin d'éviter les épidémies qui sont toujours désastreuses.

Les jeunes pigeons ne doivent pas être pris en mains tant qu'il sont dans leur nid et surtout au début de leur croissance : il suffit de ne pas les y replacer convenablement pour amener la déviation du sternum et arrêter leur développement.

Les petits ne quittent le nid que lorsqu'il mangent seuls, encore poursuivent-ils leurs nourriciers pendant quelque temps pour se faire soigner. Il n'est pas rare de les voir accompagner leurs parents à la campagne et revenir ensuite au colombier avec eux.

Leur développement continue et bientôt la mue commence.

L'élevage doit commencer de bonne heure parce qu'il est entré dans les usages de faire voyager les pigeons au cours de l'année de leur naissance.

Les entraînements ont lieu vers la fin de juin et pour y prendre part, les jeunes pigeons doivent être âgés de plusieurs mois.

Tous les reproducteurs ne nourrissent pas leurs petits avec le même soin et n'ont pas les mêmes dispositions. Il en est qui ont la sécrétion de la bouillie difficile et lente et qui ne peuvent pourvoir à la subsistance de leurs jeunes. D'autres l'ont très abondante.

Il faut, pour les femelles possédant cette précieuse qualité, avoir soin de ne pas retirer leurs œufs au moment où ils vont éclore, ni leurs petits, à moins que plusieurs jours après l'éclosion. Faute d'observer cette précaution, on causerait l'étouffement de la femelle.

Si, au moment où les petits vont sortir de leur couche, la mère venait à rester seule par suite d'une circonstance quelconque, il faudrait avoir soin de substituer à ses œufs sur le point d'éclore, des petits nouvellement nés. Cette substitution se fait très facilement et c'est à peine si la femelle s'en aperçoit. Elle soignera ces nouveaux jeunes et échappera ainsi aux conséquences de l'état dans lequel elle se trouvait. Elle abandonnera peut-être sa couvée au bout de quelques jours, mais elle sera sauvée.

Un pigeon sur le point d'avoir des jeunes ne doit pas être mis au voyage parce qu'à cette époque, il éprouve le besoin de dégorger le principe nutritif destiné à ses petits et est incapable d'effectuer un trajet assez long dans des conditions favorables.

Lorsqu'on est obligé de tenir des pigeons renfermés parce qu'ils ne sont pas aduits, ceux qui proviennent des ventes par exemple, on ne peut guère obtenir de bons produits que pendant la première année de captivité.

Passé ce délai, il faut se borner à les accoupler, laisser pondre la femelle, lui mettre d'autre œufs et faire couver les siens par un couple de bons nourriciers en liberté et ayant eu des œufs à la même date.

On ne doit pas épuiser ses reproducteurs ; il faut se borner à leur laisser élever deux couples de jeunes dès le commencement de la saison et deux couples après le mois de mai.

Les jeunes du mois de septembre sont tardifs, plus difficiles à élever et ne peuvent être utilisés que vers la fin de la saison suivante.

L'élevage épuise le pigeon et il est à remarquer qu'un

messager réunissant les conditions d'âge et d'intelligence voulues et qui ne nourrit pas, obtient de meilleurs résultats qu'un autre de même valeur et qui nourrit.

Ici encore, les préjugés jouent un grand rôle. Un amateur prétend qu'un pigeon doit avoir des œufs pour effectuer son parcours avec rapidité ; un autre qu'il doit avoir des petits ; un autre enfin qu'il doit chasser à nid, expression consacrée qui marque la période qui précède la ponte et pendant laquelle le mâle poursuit continuellement sa femelle. A quoi servent les entraînements si ces préjugés doivent trouver place dans la science ?

Ancune de ces opinions ne doit être admise ; a peine peut-on dire qu'un mâle habitué à traîner sur le toit lors de son arrivée, rentrera plus vite lorsqu'il chasse à nid. Il en est de même des femelles qui ont des œufs ou des petits. Le besoin que ces voyageurs ailés éprouvent de regagner leur colombier, ne peut pas augmenter la rapidité du vol qui doit être réglé pour ne pas imposer à l'oiseau un surcroit de fatigue qui, a un moment donné, pourrait agir comme force retardatrice. Il s'agit ici des longs parcours à effectuer.

Les jeunes de fin mars, d'avril et du commencement de mai c'est-à-dire ceux qui sortent à ces époques, sont les meilleurs parce qu'ils peuvent être entraînés la même année et qu'ils font leur mue. Ceux qui naissent après mai ne peuvent être soumis aux entraînements et n'achèvent leur mue qu'à la saison suivante.

La mue est l'opération par laquelle les pigeons changent annuellement de plumage. Elle dépend de l'état de santé et de la nature du pigeon.

Chez les jeunes elle commence dès qu'ils sont capables de pourvoir à leurs besoins tandis que chez les vieux, elle a lieu vers la fin d'avril ou le commencement de mai pour se terminer entre la fin d'octobre et la mi-novembre.

Cette transformation présente une foule de particularités et on peut dire que chaque pigeon fait sa mue d'après ses caractères physiques, son état de santé et son âge, sans qu'on rencontre chez lui aucun des principes généraux qui ont été tracés jusqu'à ce jour. C'est pour cette raison que la mue n'est pas uniforme et qu'il est impossible de déterminer exactement les époques auxquelles elle a lieu.

Des jeunes, venus bien tard, muent en plein hiver. Chez d'autres, cette opération est arrêtée parce que le sujet est malade ; mais elle reprend son cours dès que l'affection à disparu et elle s'active avec une rapidité telle qu'il n'est pas rare de voir tomber 3 et même 4 grandes pennes en quelques jours.

On ne peut juger du développement d'un jeune pigeon que lorsqu'il à presque entièrement mué. Il peut paraître chétif et malingre dès le début et atteindre par une bonne mue un développement physique complet. D'autres, aucontraire, forts et bien venus au commencement de l'élevage, deviennent malades et meurent parce qu'ils ne savent pas muer.

Lorsque la mue est lente et difficile, on peut aider lanature.

On renferme les pigeons dans un lieu obscur mais on à soin de leur donner une bonne nourriture et de leur prodiguer les plus grands soins. Au bout de quelques jours, un mieux se fait sentir et les malades sont bientôt sauvés.

C'est ainsi que les tendeurs procèdent avant l'époque du passage des oiseaux migrateurs pour obtenir les chanteurs qui par leurs appels continus sollicitent leurs semblables à descendre à l'endroit où les filets sont tendus.

La mue est une véritable maladie qui transforme complètement et à leur avantage, les sujets qui savent la supporter. Avant de faire son choix parmi les jeunes il faut attendre qu'ils aient à peu près mué.

Il est très-aisé de suivre les progrès de cette transformation. Les petites plumes muent les premières ; viennent ensuite les grandes pennes des ailes et de la queue.

Dès qu'une penne est à peu près arrivée à longueur, celle qui la suit par ordre de grandeur, tombe bientôt et l'on voit alors un petit bourgeon sortir de l'alvéole où se trouvait casée l'ancienne plume. Ce bourgeon grandi rapidement et donne naissance à une nouvelle penne.

Suivant l'époque á laquelle un pigeon est né, la mue est entière ou partielle.

Le pigeonneau de fin mars, c'est-à-dire celui qui a cette époque, sait suffire à ses besoins, mue complètement. Il en est de même des jeunes pigeons qui viennent un peu plus tard ; mais pour ceux des mois d'août et septembre la mue est incomplète. Elle s'arrête aux grands froids pour se continuer au printemps suivant au point où elle s'était arrêtée. Il s'en suit que ces pigeons muent 2 plumes á la fois, celle qui est tombée la première après la croissance et celle à laquelle la mue s'est arrêtée à la fin de la saison précédente. On appelle ces pigeons « d'arrière saison » et s'ils sont moins propres aux voyages pendant la première année, c'est parce que le vide produit dans l'aile par l'action de la mue est plus grand que chez les pigeons nés au commencement de la saison. Il en résulte pour les premiers, une diminution de vitesse dans le vol.

Mais, dès qu'ils ont atteint leur deuxième année leur mue s'effectue comme celle des autres pigeons et ils se trouvent alors dans d'excellentes conditions et c'est bien souvent parmi eux que l'on rencontre les meilleurs sujets.

La mue ne change pas la couleur du plumage des sujets qui ont déjà mué au moins une fois, mais les teintes sont plus foncées et plus nettes chez les jeunes pigeons lorsqu'ils ont effectué leur mue.

Les pigeons destinés à participer aux concours doivent être surveillés de très près et soignés de façon à ne pas couver avant le 8 ou 10 février.

Les avis sont encore partagés sur ce point.

Les uns prétendent qu'une forte nourriture avance la mue ; d'autres soutiennent que le régime alimentaire ne joue aucun rôle dans cette opération.

Nous avons vu continuer aux pigeons d'un colombier, le même régime alimentaire en hiver qu'en été et nous avons pu nous convaincre qu'a l'époque de la mue, ils n'étaient pas plus avancés que ceux d'autres pigeonniers qui avaient été plus faiblement nourris.

Il nous parait évident que les pigeons doivent être moins fortement nourris en hiver et en automne qu'au printemps et en été.

En procédant ainsi, on empêche le pigeon de nicher et de s'épuiser à une époque où l'élevage ne doit pas se faire.

Ce que nous venons d'exposer démontre que la mue dépend particulièrement de la santé et de la nature du sujet.

Les efforts doivent tendre à ne pas développer une ardeur précoce, en nourrissant les pigeons à l'excès, car une alimentation forte et abondante ne tarde pas à amener l'ardente ivresse qui entraîne le pigeon sur la pente de l'amour et le force à s'écarter de la loi naturelle en vertu de laquelle il ne doit nicher que vers la mi février.

L'amateur doit surtout veiller à ce que la mue ne soit pas contrariée par l'élevage. Lorsqu'un pigeon nourrit, la mue s'arrête et se fait plus tard dans des conditions souvent désavantageuses.

On ne doit pas oublier que la période de la mue est dure et difficile pour le pigeon qui doit être, pendant ce temps, l'objet des plus grands soins tant sous le rapport hygiénique que sous celui de la nourriture. Une mue régulière et complète est indispensable pour permettre à un sujet d'avoir du succès dans les concours.

Pour éviter l'épuisement des parents et permettre aux petits de se développer facilement, il est nécessaire de ne laisser qu'un jeune à chaque couple de nourriciers. Quelques jours après l'éclosion, il est aisé de voir celui qui prend le plus d'embonpoint et c'est celui-là qu'il faut garder.

Lorsqu'on a des reproducteurs dont les descendants sont très estimés, on combine ses accouplements de manière à pouvoir substituer aux jeunes de certains nourriciers, les petits auxquels on tient particulièrement.

C'est pendant l'élevage que les parents se rendent à la campagne, malgré tout ce qui pourrait les retenir au pigeonnier, pour y chercher la nourriture de leurs petits. C'est encore une des habitudes sauvages que le pigeon a conservées et que rien, sauf la captivité, ne saurait faire disparaître. On peut donc se dispenser d'habituer les pigeons à chercher eux-mêmes leur nourriture ; ils savent satisfaire leurs besoins, lorsque cela est nécessaire.

Il est impossible de tracer toutes les règles applicables à chaque cas, tant il s'en présente : les aptitudes, les connaissances et la sagesse de l'amateur, acquises par un profond esprit d'observation, doivent suppléer aux indications, trop nombreuses pour qu'elles puissent trouver place dans cet opuscule.

Orientation

Les oiseaux émigrants sont doués d'un sentiment naturel en vertu duquel ils quittent notre climat, en automne, pour échapper aux rigueurs de l'hiver, qu'ils vont passer sous d'autres cieux où une température plus douce les attend et où ils trouvent la nourriture que nos campagnes ne savent plus leur procurer.

Lorsque le moment du départ a sonné, ils se réunissent en bandes compactes, décrivent plusieurs tours d'horizon afin de choisir leur route à travers l'atmosphère, et se dirigent enfin vers le midi, n'obéissant qu'à leur instinct d'orientation qui au printemps suivant, les ramènera dans nos contrées.

Le pigeon voyageur comme les oiseaux émigrants, possède à un haut degré cet instinct d'orientation qui prend sa source dans une sorte de magnétisme dont la puissance varie d'après les aptitudes, les caractères et les principes développés par une sélection intelligente.

On n'a pu, jusqu'à ce jour pénétrer les mystère de ce sentiment naturel, mais on s'est appliqué à le développer en améliorant les races, et en soumettant leurs sujets à des entraînements méthodiques et gradués.

Cet instinct qui permet au pigeon de se tracer une route dans l'air, de la retrouver lorsqu'il s'en écarte et de revenir à l'endroit où il a été élevé, joint à l'esprit d'union, à l'amour de la société, à l'attachement pour ses semblables et pour les lieux qui l'on vu naître et grandir, constituent les élements principaux qui l'on fait employer comme messager.

Ceux qui examinent attentivement le passage des voyageurs aériens et qui guettent leur retour, on pu s'apercevoir sans peine que les meilleurs d'entre eux commencent à plonger vers leur demeure alors qu'ils en sont encore éloignés de plusieurs kilomètres.

Il ne peut être question de s'arrêter à la pensée que c'est au moyen de la vue seule, que le pigeon lâché dans un lieu quelconque effectue son retour au colombier ; c'est de toute impossibilité, en supposant même que la vue porte à des distances considérables.

Il est parfaitement démontré que le pigeon vole ordinairement à une distance de 250 mètres environ du sol et que pour une distance de 200 kilomètres en longueur par exemple, il devrait, pour pouvoir reconnaître sa ville natale, s'élever dans l'atmosphère à plus de 3000 mètres. De plus, à cette altitude, la dépression atmosphérique, la température qui baisse d'un degré pour une hauteur d'environ 180 mètres, ne permettraient plus au pigeon d'exercer son vol dans des conditions convenables.

Dressage

Le dressage ne demande aucun soin, il se fait de lui-même. Il consiste simplement à aduire les jeunes pigeons, et ne comprend aucune des opérations, pratiquées seulement dans les colombiers militaires.

Pour aduire facilement les jeunes, il suffit de les laisser parfaitement tranquilles ; la moindre contrariété et le plus petit dérangement suffisent pour les effrayer et les faire disparaître pour toujours.

Lorsqu'ils sont assez forts pour voler, ils commencent à se livrer dans le colombier même à de joyeux ébats et se rendent ensuite dans la cage où ils aspirent la fraîcheur tout en examinant l'horizon. Ils ont peur du vide qui se présente à leurs yeux et rentrent bientôt dans leur demeure. Ils renouvellent ce manège plusieurs fois encore avant de se hasarder á sortir.

Finalement, ils descendent de la cage sur le toit et examinent d'un œil inquiet tout ce qui se trouve devant eux. Leurs parents ou leurs semblables se livrent ou vol mais ils ne les accompagnent pas, ne se sentant pas encore assez préparés pour les suivre dans l'atmosphère. Tout ce qui les entoure leur est connu et lorsqu'ils prennent leur essor, ils décrivent seulement quelques circuits, ne s'éloignent pas du pigeonnier, et s'empressent d'y revenir après quelques instants de vol. Enfin, suffisamment préparés, ils accompagnent leur ainés, planent avec eux dans l'espace et reviennent au logis avec la bande. Lorsque ces expériences ont été répétées quelques fois les jeunes pigeons sont aduits, mais il arrive encore assez souvent qu'un d'entre eux s'éloigne du colombier sans pouvoir y revenir.

Le dressage se fait donc seul et ne dépend que du sujet lui-même. Lorsque les pigeons sont complètement aduits, leurs instinct d'orientation trouve chaque jour des applications et se développe en dehors des entraînements.

Le matin, dès que les pigeons sont libres, ils s'élancent dans l'espace, s'y élèvent graduellement comme ils le feraient un jour de lâcher et s'éloignent à plusieurs kilomètres de leur demeure. La plupart se rendent à la campagne et ne rentrent au logis qu'après avoir parcouru des distances s'élevant jusqu'a 25 et 30 kilomètres.

On voit donc par là que tout naturellement les pigeons mettent en pratique l'instinct d'orientation et le sentiment de retour, et que les entraînements ne viennent que compléter le développement des qualités précieuses dont la nature les a si merveilleusement doués.

Il n'en est pas de même des vieux pigeons : leur dressage est plus long, plus difficile et ne réussit pas toujours. (Il est bien entendu qu'il s'agit ici de pigeons ayant été aduits dans un autre colombier). Ceux-ci ont conservé le souvenir de leur pigeonnier et de leurs affections les plus chères, et on ne peut le chasser qu'en faisant naître et développer chez eux le germe de nouvelles affections capables de faire oublier les premières. Aussi, pour aduire un vieux pigeon, il faut commencer par l'accoupler, et ne le laisser sortir que lorsqu'il a des œufs depuis plusieurs jours et seulement vers la fin de la journée. Il est à craindre, malgré ces précautions, qu'un beau jour le souvenir effacé ne se réveille et que notre voyageur ne vire vers sa première demeure.

Une question qui préoccupe beaucoup les puissances qui ont installé des colombiers militaires, est celle relative au temps pendant lequel le souvenir du colombier reste gravé dans la mémoire du pigeon. Cette question est facile à résoudre et l'expérience a démontré que pour des sujets bien nés, âgés de 3 à 4 ans et ayant déjà accompli beaucoup de voyages, le sentiment de retour ne subit aucune altération pendant la captivité. Tenez un pigeon enfermé pendant deux ans par exemple, faites le nicher, aduisez le même, il restera peut-être dans votre colombier ; mais dès que vous le ferez voyager, il reprendra sa course vers son premier logis.

Or, dans les colombiers militaires et en cas d'hostilité, les mâles sont séparés des femelles, ils ne sortent pas et ils aspirent après le moment où la liberté leur sera rendue pour retourner au lieu chéri de leurs amours.

Ce qu'il y a de plus à craindre, c'est la saison d'hiver lorsqu'elle est rigoureuse.

Demandez aux amateurs sérieux qui ont acheté des pigeons renommés aux différentes ventes, si leurs sujets n'ont pas fini par disparaître ?

Si les croisements ont été bien faits, si les sujets qui en sont résultés sont d'un certain âge et s'ils sont habitués à voyager, les puissances qui les possèdent peuvent être assurées que leurs messagers leur rendront des services ïmmenses quelle que soit la durée de la captivité.

Altitude du vol

L'altitude du vol varie avec l'état de l'atmosphère, la direction et l'intensité des vents et la topographie de la région traversée.

Les observations que nous avons recuillies ont donné les résultats suivants :

1° Par un temps calme et clair, le pigeon, pour effectuer un parcours, s'élève à environ 250 mètres du sol quelle que soit la direction du vent.

2° Par un temps calme et couvert, mais sans brouillard épais, il s'élève à environ 180 mètres, quelle que soit encore la direction du vent.

3° Lorsqu'il pleut et que le vent souffle du Sud ou de l'Ouest il vol à peu près à la même hauteur.

4° Lorsqu'il pleut et que le vent est au Nord ou à l'Est, il se rapproche du sol et rase les collines.

5° Lorsque le temps est beau et que les vents du Nord ou de l'Est soufflent avec assez de force, il se tient à une altitude variant de 100 à 125 mètres.

6° Par un temps de brouillard, il est très difficile de déterminer la hauteur du vol parce que, bien souvent les pigeons n'apparaissent qu'à une très faible distance du colombier, alors qu'ils ont déjà baissé leur vol pour plonger vers leur demeure.

Mais il est à supposer, dans ce cas, que le pigeon vole à une certaine hauteur lorsque le vent est favorable.

Ces différents exemples n'ont rien d'absolu car lorsqu'on examine le passage des pigeons qui ont été lâchés, il est aisé de voir que, pour un même temps, un même vent et un même état atmosphérique, les uns volent très-haut, d'autres, à une distance moyenne, d'autres enfin serap prochent du sol sans pour cela être déroutés. L'altitude du vol dépend aussi de la famille et du caractère des sujets.

Lorsqu'il s'oriente, le pigeon ne cesse de s'élever que lorsqu'il a rencontré la couche d'air ou le courant qui lui convient ; c'est pour cette raison que la hauteur du vol est subordonnée à l'état de l'atmosphère, à la direction et à la force des vents régnants.

Influence des montagnes

Lorsque le pigeon doit traverser un pays de montagnes, il est contrarié dans son orientation parce qu'il doit s'élever dans l'air á une plus grande altitude que de coutume ; exposé aux dangers dont le menacent les oiseaux de proie qui circulent dans ces régions et obligé de se rapprocher du sol lorsque les plaines se présentent á sa vue.

Les orages, la grêle et la neige sont autant de causes qui le troublent et qui agissent sur la direction qu'il suit, comme force retardatrice.

Lorsque les pigeons sont en liberté, qu'ils se sont rendus à la campagne et qu'un orage va éclater, mettez-vous en observation et vous ne tarderez pas à voir revenir, avec une rapidité vertigineuse, les messagers aériens, effrayés par la la lueur des éclairs et le bruit du tonnerre.

Il est un fait digne de remarque et qui joue un grand rôle dans le retour.

Lors des longs voyages, qui ont toujours lieu en juillet, les pigeons sont lâchés dès l'aube. Le soleil apparaît à l'horison et une chaleur étouffante ne tarde pas à régner et à amener des orages qui, dans le Centre et le Midi de la France, se propagent sur une grande étendue.

Lorsque les voyageurs aériens sont surpris par des intempéries, ils sont troublés dans leur orientation, la peur les envahit, la pluie les détrempe et les oblige à se reposer pour laisser passer l'orage. Ils éprouvent ainsi un grand retard, subissent des fatigues et il n'est pas rare, alors que le vent et le temps sont favorables ici, de ne voir revenir aucun pigeon le jour même.

Influence des directions & des vents

Il résulte de ce que nous venons de dire que les régions montagneuses sont défavorables au vol du pigeon parce qu'elles l'exposent à une foule de dangers et contrarient son orientation soumise, à chaque instant, à des différences d'élévation et à des températures variables.

Il faut donc choisir, pour les étapes, des lieux situés dans une contrée dont la topographie ne présente pas d'obstacle à un prompt retour. C'est pour cette raison que l'ouest de la France, qui présente l'aspect d'une vaste plaine s'étendant de Bayonne vers la frontière belge, en passant par Langon, Bordeaux, Angoulème, Poitiers, Orléans, Paris et St-Quentin, a été préféré pour opérer les lâchers.

Dans cette zône, dont l'étendue est de 900 kilomètres environ à vol d'oiseau, c'est à peine si l'on rencontre quelques proéminences de terrain.

Là n'est pas le seul avantage.

La France est un pays, où les moyens de communications par chemin de fer sont très rapides, ce qui permet de retarder d'un jour ou deux, suivant les parcours, la mise en loges des sujets qui doivent participer aux entraînements et aux concours.

On s'est demandé bien souvent pourquoi les localités du centre et du midi de la France avaient toujours été choisies, pour opérer les lâchers de pigeons, et bien des amateurs se sont plu à, répondre que c'était une n'écessité, parce que le pigeon avait pour habitude de ne voyager que du Midi vers le Nord.

C'est une grave erreur, le pigeon effectue ses parcours aériens dans toutes les directions quels que soient le temps et la direction du vent ; mais ces deux éléments exercent sur son vol une grande influence.

Des expériences concluantes ont été faites et ont démontré, par des lâchers effectués à Londres, à Bayonne, à Marseille, à Rôme, en Saxe, en Bavière et en Autriche, que le pigeon opère son retour de ces différents points de notre continent, avec la même vitesse dans l'unité de temps, eu égard à la direction des courants et á l'état de l'atmosphère.

Si les pertes éprouvées en choississant d'autres directions que celles habituellement suivies ont été plus fortes, c'est parce que les entraînements vers ces nouveaux lieux, d'étapes n'ont pas été suffisamment préparés, que les vents étaient contraires ou que les régions à traverser étaient couvertes de montagnes.

L'Ouest de la France offre des avantages lorsque le temps est favorable mais, si le contraire à lieu, on essuie, dans cette contrée, des désastres aussi grands que dans les autres.

Les vents sont des courants aériens qui ont pour cause la différence de température et de densité entre des régions de l'atmosphère plus ou moins distantes.

Il s'en suit que plus ont approche de la zône torride, plus les vents sont réguliers.

Ils changent de direction au fur et à mesure que l'on approche de la zône glaciale où ils soufflent parfois de plusieurs points de l'horizon. Il résulte de ce phénomène que le vent régnant dans le Nord et l'Ouest de la France, est le vent du Sud-Ouest qui est le plus favorable au vol du pigeon lorsque celui-ci doit retourner vers le Nord.

C'est là encore une des causes qui a fait choisir les lieux de lâcher dans cette contrée.

Les vents participent au climat, des contrées qu'ils ont traversées et excercent une grande influence sur la température de l'air. Les vents les plus chauds sont ceux du Sud, du Sud-Ouest et de l'Ouest, et comme les entraînements au long cours se font à l'époque des fortes chaleurs, on ne peut pas dire que les vents venant de ces directions sont chargés d'une humidité qui tempère l'ardeur des rayons solaires et empêche la soif. La proximité de l'océan, tend à élever la température de l'air.

A cette même époque, les vents régnants soufflent du Sud, du Sud-Ouest ou de l'Ouest et comme ils sont les plus favorables au vol du pigeon, ils lui permettent d'acquérir la plus grande vitesse.

Ce sont la direction des vents et leur intensité qui jouent le plus grand rôle dans l'orientation et qui exercent la plus grande influence sur le vol. Pour s'en convaincre, il suffit de jeter un coup d'œil sur les exemples cités dans le chapitre qui traite de la vitesse.

Les vents les plus défavorables sont ceux du Nord-Ouest, du Nord du Nord-Est et de l'Est.

Lorsqu'ils soufflent dans une de ces directions, on peut-être certain d'essuyer des pertes considérables et d'autant plus grandes, que le parcours à effectuer est plus long.

Le pigeon ne vol pas suivant la direction du vent parce que ses plumes se retrousseraient et l'empêcheraient de voler convenablement. Il forme avec cette direction un angle d'au moins 35°, en présentant le flanc droit au vent, lorsqu'il est à l'Est ou au Nord et, le flanc gauche, lorsqu'il est à l'Ouest et au Midi.

Il découle de ces observations que lorsque le vent est au Nord ou à l'Est, le pigeon revient suivant la ligne Sud-Ouest et que lorsqu'il est à l'Ouest il vole suivant la direction du Midi avec une légère inclination vers le Sud-Ouest et que finalement, l'orqu'il est au Midi, il revient suivant la ligne Sud-Est.

Vitesse du vol

Il est indispensable d'être complètement fixé sur la
vitesse du vol parce que, au moyen de cet élément, on peut
dire d'avance, en consultant la direction du vent et l'état
de l'atmosphère, quel sera le temps nécessaire, à quelques
minutes près, pour parcourir une distance donnée.

Il n'est, dans ce cas, de meilleur guide que la pratique.
Si, pour chaque lâcher, on a soin de recueillir les renseignements dont nous venons de parler, il sera facile de cons-
tituer un véritable barème que l'on pourra toujours consulter avec fruit, en cherchant pour une distance semblable à
celle à parconrir, les conditions atmosphériques correspon-
dantes à celles qui existent le jour où l'on attend la rentrée
des pigeons qui ont été lâchés.

Ces renseignements permettent à l'amateur de connaître
l'heure vers laquelle il doit se mettre en permanence à son
poste d'examen ; mais il doit avoir soin, pour éviter les
surprises, de s'y placer une bonne demi-heure avant l'heure
calculée pour le retour.

Ils sont plus précieux dans l'art militaire où la question
de temps joue un rôle important.

Ainsi, supposons que les communications entre Liége,
Namur et Anvers aient été interrompues par l'ennemi et
qu'il faille envoyer un message à Anvers. Connaissant la distance à vol d'oiseau entre ces trois localités, il suffira de
consulter la direction du vent et l'état de l'atmosphère pour
pouvoir dire instantanément, en consultant le barème : le
message porté par ce pigeon parviendra à telle heure.

Il est donc indispensable dans les colombiers militaires,
d'avoir un registre dans lequel tous les résultats seront con-
signés.

Après trois ans, on pourra confectionner le barème dont
nous avons parlé et dont nous donnons ci-dessous des **extraits.**

VENT du SUD et du SUD-OUEST

Distances en kilomètres	Vitesse par minute des 1res arrivées	Vitesse moyenne par minute	OBSERVATIONS
100	1450	1340	Les différences de vitesse qui existent entre les distances, résultent de la longueur du trajet, de la violence du courant et de la température de l'air. — Lorsque le vent vient de ces 2 directions le temps est presque toujours favorable au vol du pigeon et c'est alors qu'il parcourt le plus de mètres pendant l'unité de temps (la minute).
150	1432	1326	
195	1241	1142	
222	1283	1166	
298	1403	1302	
300	1226	1118	
350	1258	1148	
451	1207	1032	
514	1174	1068	
897	1232	1104	

VENT du SUD-EST

Idem.	Idem.	Idem.	Idem,
100	873	820	Temps brumeux.
150	966	872	Temps couvert.
222	998	902	Vent faible.
268	890	756	Vent assez fort.
320	804	694	id.
400	967	822	Temps calme.
514	758	582	Vent fort.

VENT du NORD

Idem.	Idem.	Idem.	Idem.
58	892	780	Temps calme.
100	863	742	id.
150	653	600	Vent assez fort.
208	646	594	Temps couvert.
271	1110	1032	Temps calme et clair
279	1083	1026	id.
285	1036	1017	id.
287	856	712	Temps brumeux.
306	925	833	Temps calme.
339	948	841	id.
341	924	814	id.

Distances en kilomètres	Vitesse par minute des 1res arrivées	Vitesse moyenne par minute	OBSERVATIONS
367	980	852	Temps calme et clair.
410	911	726	id.
436	826	644	Vent assez fort.
477	752	411	Vent violent.
511	756	613	Temps calme.
600	857	701	id.

VENT DU NORD-EST

Idem.	Idem.	Idem.	Idem.
80	641	568	Brouillard.
120	992	879	Temps calme
170	1160	992	id. clair.
240	864	808	Vent assez fort.
300	812	752	id.
440	635	542	Vent violent.

VENT NORD-OUEST

Idem.	Idem.	Idem.	Idem.
52	866	802	Vent assez fort légère pluie.
120	903	780	id.
170	1004	903	Temps calme et clair.
250	876	763	Vent assez fort.
350	915	738	Temps calme.
491	902	754	id.

Distances en kilomètres	Vitesse par minute des 1ᵣˢ arrivées	Vitesse moyenne par minute	OBSERVATIONS
76	1522	1412	Temps clair vent assez fort.
107	1233	1117	id.
130	1152	1024	id.
191	1264	1155	id.
223	1107	1032	Temps calme et clair.
291	1580	1424	Vent violent.
322	1080	969	Temps couvert.
379	1061	956	id.
391	1083	973	id.
450	1121	1017	Temps calme et beau.
569	1332	1237	Temps très-beau.
789	1020	882	beau temps.
830	681	479	Pluie.

On peut donc énoncer les lois suivantes :

1° La vitesse de vol c'est-à-dire l'espace parcouru pendant l'unité de temps qui, dans ce cas, est la minute, dépend de l'espace à parcourir, de la direction du vent et de l'état atmosphérique.

2° La vitesse se calcule en divisant le nombre de mètres qui constitue la distance à vol d'oiseau, par le nombre de minutes qu'il a fallu pour effectuer le parcours.

C'est là le moyen rationnel qui devrait être adopté et suivi ponctuellement par toutes les sociétés colombophiles, à qui reviendrait le soin de vérifier la distance exacte qui sépare le lieu de lâcher, du colombier des différents amateurs participant aux concours.

Pour un pays aussi petit que le nôtre, il existe des localités qui, par leur situation géographique jouissent de grands avantages au point de vue des retours.

Ainsi, supposons que l'on donne à Bordeaux, un concours auquel prendront part des sujets d'une valeur égale et appartenant à des amateurs, de Gand, de Bruxelles, d'Anvers, de Liége, de Verviers, de Namur, de Mons, de Lille et de Valenciennes. Si le vent est au Nord, les localités les plus rapprochées du lieu du lâcher, recevront les premiers pigeons tandis que si le vent est au Sud, au Sud-Ouest et même à l'Ouest, les premiers retours seront constatés à Verviers, à Liége et á Anvers. Ceci est tellement vrai qu'on à pris pour principe à Anvers, de ne pas donner de concours nationnaux ; à Bruxelles, d'exclure la province de Liége, et que Liége, au contraire, invite toutes les parties du pays à participer à ses concours.

On ne craint pas les concurrents, mais l'application irrévocable du principe énoncé dans le chapitre précédent.

Cela prouve ce que nous avons déjà dit au sujet de la direction suivie pour le retour d'après la direction des vents régnants.

Il résulte de cet état de choses que lorsque le vent est au Nord, le pigeon revient suivant la ligne Sud-Ouest, et que les messagers des frontières doivent, à mérite égal, arriver avant ceux de l'intérieur du pays. Lorsqu'au contraire, le vent souffle avec une certaine force dans la direction du Midi, le pigeon effectue, son trajet suivant la ligne Sud-Est qui, dans les longs parcours seulement, le rejette vers les localités éloignées du lieu de lâcher, dans la direction Ouest-Est.

Plus le temps est mauvais plus la vitesse est petite et il est à remarquer que dans ce cas, les pigeons qui arrivent les premiers, sont presque toujours ceux qui tardent lorsque le temps est très favorable, et que c'est par le mauvais temps que l'on perd les meilleurs messagers.

Des pigeons vayagent très bien par un vent du Sud et d'Ouest, mais le contraire à lieu lorsque le vent est au Nord. D'autres sujets possèdent les qualités inverses. Les uns conviennent pour effectuer de petits parcours ; les autres ne commencent à se montrer qu'aux distances respectables et continuent leurs exploits jusqu'aux plus longs parcours. L'expérience démontre donc qu'on doit posséder la biographie de tous les messagers à utiliser, et que le choix de ceux appellés à porter les dépêches ne doit être fait qu'après avoir examiné la distance à parcourir et l'état de l'atmosphère.

Dans les concours, on compte toujours sur le temps favorable parce que, s'il fait trop mauvais le jour fixé pour le lâcher, on remet cette opération au lendemain.

Mais il n'en est pas ainsi dans l'art de la guerre, et c'est là que le principe que nous venons d'énoncer recevra sa véritable application. Lorsqu'il s'agit de transmettre une dépêche, le pigeon doit pouvoir le faire quel que soit le temps.

Il est inutile de citer les résultats remarquables qui ont été obtenus dans certains concours : tout le monde les connaît. Nous nous bornerons à dire, en terminant ce chapitre, que par un temps favorable, le retour des pigeons se fait avec la plus grande rapidité. Il y a quelques années, la ville de Namur organisa un concours à Mouthiers (650 kil.); le retour des pigeons s'est effectué si rapidement, que 400 arrivées ont été constatées en 70 minutes.

Entraînements

L'entraînement consiste à développer, par une méthode intelligente, le sentiment précieux du retour et l'instinct d'orientation dont la nature a doué le pigeon.

Il y a deux sortes d'entraînements :

1° Ceux qui concernent les pigeons nés au commencement de l'année ;

2° Ceux auxquels doivent être soumis les pigeons de 1 an et plus.

Entraînements des jeunes pigeons

Ici encore, les méthodes et les avis diffèrent parce que chaque amateur veut agir à sa guise. Cependant, la science colombophile á ses lois et ses règles tracées par l'expérience, mais le plus grand nombre des amateurs ne les observent point. Nous ne voulons pas nous imposer, mais nous nous permettrons cependant de tracer une marche rationnelle qui, chaque fois qu'elle a été suivie, a toujours donné d'excellents résultats.

Il faut d'abord que l'entraînement soit réglé d'après l'âge, la force physique, le degré d'intelligence et la saison.

Comment peut-on soumettre aux entraînements des pigeonneaux à peine aduits et qui par leur manque de force, leur jeunesse et le peu de développement de leur instinct, sont incapables d'accomplir les moindres parcours ? Cela se voit cependant chaque jour, et nous pouvons citer en particulier la plupart des amateurs bruxellois et anversois, qui livrent, aux intempéries des mauvaises journées, des jeunes pigeons qui ont encore le cri du nid et auxquels ont fait faire des étapes, dont le parcours s'élève jusqu'à 120 et 150 kilomètres. Il y en a qui les accomplissent, mais bien peu en comparaison du nombre de concurrents. C'est ainsi qu'on gaspille les meilleurs produits, et il arrive très souvent que ceux qui ont fait ces étapes sont tellement exténués, fourbus, que leur développement physique en souffre et que, l'année suivante, ils donnent des résultats inférieurs à ceux obtenus précédemment.

Les liégeois, au contraire, ne font voyager leurs pigeons que lorsqu'ils ont atteint un certain âge, très souvent 9 ou 10 mois et même un an.

Ils s'en trouvent fort bien et ce qui le prouve, ce sont les succès qu'ils obtiennent principalement dans les étapes au long cours. Ils épargnent leurs sujets dès leur jeunesse, pour en obtenir davantage lorqu'ils ont atteint leur complet développement.

Il est parfaitement établi que, dès son aduction, le jeune pigeon cultive son instinct d'orientation, en parcourant chaque jour, d'après sa propre initiative. une certaine portion de l'espace. Il accompagne ses parents à la campagne, s'y rend ensuite seul et finit par connaître les environs de sa demeure, comme un facteur des postes connaît les moindres détours des chemins qu'il doit suivre pour opérer la remise de ses correspondances.

Lorsqu'il a atteint l'âge de 3 à 4 mois, auquel il doit être arrivé avant d'être véritablement entraîné, il n'est plus nécessaire d'opérer son lâcher aux quatre points cardinaux, qu'il connaît mieux que nous, mais il suffit de choisir la direction à suivre et d'arrêter d'avance, les lieux de lâcher.

A cet effet, on consulte une bonne carte et l'on fait choix des localités échelonnées suivant la direction Sud-Ouest, Nord-est, qui est la meilleure.

La 1re étape aura lieu à	15 kil. ou 3 lieues.

La 1re étape aura lieu à   15 kil. ou 3 lieues.
La 2me »   »   à 35 »   » 7   »
La 3me »   »   à 50 »   » 10   »
La 4me »   »   à 75 »   » 13   »
La 5me »   »   à 125 »   » 25   »
La 6me »   »   à 175 »   » 35   »
La 7me »   »   à 225 »   » 45   »
La 8me »   »   à 275 »   » 55   »

On voit, d'après ce petit tableau, qu'entre o et 100 kil., il y a 4 étapes dont on obtient la distance en ajoutant 2 au chiffre des dizaines du nombre précédent ; qu'entre 100 et 300 kil. il y a 4 distances obtenues en ajoutant 5 au chiffre des dizaines du nombre précédent.

Ces distances correspondent pour Bruxelles, par exemple, à la ligne d'entraînement « LOTH, BRAINE, JURBISE; BAVAY, BUSIGNY, NOYON, NANTEUIL et CORBEIL ».

A l'âge dont nous venons de parler, le pigeon est déjà très developpé, il sait pourvoir lui-même à ses besoins et la mue a déjà fait un grand pas.

Il est en ordre, comme on dit en termes colombophiles.

Les entraînements commencent au mois de juin pour se terminer vers la mi-septembre. Ils ont généralement lieu chaque dimanche parce que c'est jour de repos et que les amateurs retenus pendant la semaine par leurs occupations, ont alors le temps d'examiner le retour de leurs pigeons.

On préconise les entraînements de jour à autre ou du moins tous les deux jours, parce qu'on prétend que cet excercice ne saurait se répéter trop souvent, afin de développer et d'entretenir l'instinct d'orientation et le sentiment du retour. C'est une opinion exagérée dont l'application donne de très mauvais résultats. Il ne faut pas oublier que le pigeon puise son attachement pour le colombier dans l'amour de la Société, la tranquillité, et les soins qui lui sont prodigués. Des entraînements trop fréquents l'ennuient, augmentent ses fatigues et diminuent son ardeur. Cet attachement ne devient définitif que lorsque le pigeon s'est choisi une compagne et qu'il a élevé au moins une couple de jeunes. Avant ce fait accompli, il ne tient à sa demeure que par les souvenirs de sa tendre jeunesse et les soins dont il a été entouré.

Ces deux coëfficients ne valent pas le plus petit corollaire de l'amour.

Il faut donc avoir soin de laisser quelques jours d'intervalle entre deux étapes.

Lors des premiers lâchers, les pigeons sont renfermés la veille et pris le lendemain matin, pour être mis en loges et conduits en chemin de fer à la destination choisie.

Pour les étapes dont le parcours est assez long, on est obligé d'effectuer la mise en panier, un, deux ou même trois jours d'avance pour permettre l'expédition.

Avant de les prendre au colombier, on les soigne convenablement et on leur donne quelques graines de navette, de colza et de riz. Les mêmes appâts leur sont servis à leur retour.

Le pigeon s'apprivoise très facilement, il devient familier, mais seulement en dehors des étapes.

Expliquons ce fait :

Lorsque le pigeon revient d'un entraînement, il est laissé bien tranquille au pigeonnier ; le même fait se représente aux étapes suivantes. Mais lorsque les concours arrivent et que les concurrents rentrent assez à temps pour obtenir un prix, ils sont saisis avec précipitation immédiatement après leur rentrée, pour être portés au bureau de constatation. De cette circonstance naît une certaine frayeur qui se renouvelle aux concours suivants, et qui finit par donner au pigeon la plus grande méfiance.

Il reste parfois des heures entières sur la cage ou sur le toit, avant de rentrer au colombier. La faim et la soif ne le forcent même pas à céder.

Il est donc fort prudent de laisser rentrer les pigeons à leur aise, de leur servir à manger dès leur rentrée et, au risque même de perdre une minute, ne les saisir que lorsqu'ils sont remis et qu'ils savent qu'on ne leur veut point de mal, lorsqu'on se dispose à les saisir.

Ce systême ne doit pas être suivi dans les colombiers militaires, où l'on peut perdre quelques minutes, pour laisser au pigeon le temps de se remettre, de boire et de manger.

Il ne faut pas oublier non plus que, pendant une longue captivité, le voisinage de sa demeure aura peut-être changé, et qu'il se trouvera étranger dans ses anciens parages.

Un amateur sérieux doit toujours avoir ses pigeons à l'œil afin de s'apercevoir si leur état de santé leur permet de faire une étape quelconque.

On voit, d'après ce qui vient d'être dit dans ce chapitre, que les jeunes pigeons sont appelés à rendre de très grands services dans l'art militaire et qu'il faudra toujours les employer les premiers, lorsque le temps sera favorable. Les vieux doivent être conservés pour les longues captivités.

Entraînements aux longs cours

OU

Entraînements des vieux pigeons

Avant d'être entraînés, les pigeons ayant un an et plus doivent être accouplés et avoir eu, au moins, une couple de jeunes.

Le sentiment de l'amour conjugal se trouve ainsi, développé et ne fait qu'augmenter l'attachement du pigeon pour son colombier et sa compagne.

Les principales règles que nous avons énoncées pour les entraînements des jeunes pigeons, s'appliquent également au cas qui nous occupe et il faut avant tout arrêter, d'après une bonne carte, la direction a suivre et les localités choisies pour opérer les lâchers.

Ces pigeons ayant été au moins soumis aux entrainements des jeunes, la saison précédente, on peut marcher de l'avant avec eux et les soumettre d'emblée à une étape de 20 Kilomètres.

On suivra ensuite la progression suivante :

1re étape	á	20 kil.	ou	4	lieues.
2me »	á	60 »	»	12	»
3me »	á	120 »	»	24	»
4me »	á	220 »	»	44	»
5me »	á	350 »	»	70	»
6me »	á	400 »	»	90	»
7me »	á	600 »	»	120	»
8me »	á	750 »	»	150	»
9me »	á	850 »	»	170	»

Ces 9 distances doivent-être considérées comme formant trois catégories.

La 1re renferme les 5 premières étapes qui peuvent être franchies par les pigeons voyageant pour la seconde année (1 an accompli).

Les pigeons âgés de 2 ans accomplis peuvent-être poussés jusqu'à 400 kil.

Ceux de 3 ans jusqu'à 600 kil.

Enfin les pigeons âgés de 4 à 9 ans peuvent franchir des étapes de 750 et 850 kil.

Mais pour des distances extrêmes comme celles de Madrid et de Rome que les pigeons ne peuvent franchir en moins de plusieurs jours, il faut des pigeons âgés de 6 à 7 ans au moins, rompus aux fatigues et aux privations et ayant déjà effectué des voyages aux longs cours.

Jusqu'aux distances de 350 kil., les pigeons peuvent être entraînés ou mis au concours tous les dimanches, mais à partir de cette distance, on doit avant de les envoyer plus loin, leur laisser 15 jours de repos.

Ces préceptes sont la confirmation de ce que nous avons dit au sujet des entraînements des jeunes pigeons, qui ne doivent pas se suivre de trop près.

Lorsqu'un pigeon a effectué un parcours par un temps favorable, il semble n'être pas fatigué momentanément, parce qu'il est encore sous l'impulsion de l'ardeur qu'il a déployée pour arriver au but. C'est le lendemain que la fatigue l'accable, et il a besoin de plusieurs jours de repos pour réparer ses forces. Mais, lorsque le temps est défavorable, le retour a lieu avec peine : peu de concurrents rentrent le même jour au logis ; les autres arrivent le lendemain et les jours suivants, exténués, brisés et il est indéniable que, dans ces conditions, il leur faille une période plus longue pour ramener en eux, la force, l'activité, l'énergie nécessaires pour accomplir un nouveau voyage, surtout s'il est long. Il suffit d'examiner ces courageux oiseaux, pour vérifier ce que nous avançons.

Lorsqu'on se propose de faire effectuer un voyage au long cours 600, 700 ou 800 kil. à un sujet renommé et qui possède l'âge voulu, il faut, loin de l'entraîner souvent, le ménager et ne lui faire parcourir qu'une étape tous les quinze jours.

La 1re aura lieu à 60 kil., la 2me, à 120 kil,. la 3me, à 300 kil. et, de là, il sera mis directement au concours auquel on le destine.

Quoi d'étonnant à cette manière de procéder ? Absolument rien et l'expérience l'a démontré.

A Anvers, les pigeons de six mois sont soumis á des étapes de 450 kil. distance qu'ils franchissent même par des temps laissant beaucoup á désirer.

Des pertes nombreuses sont à enregistrer mais nous citons ce fait pour prouver que si l'on peut exiger un tel effort de la part des jeunes pigeons, on doit tout attendre de ceux qui, par leur âge, leur intelligence et leur expérience, ont déjà donné de très-bons résultats.

Pendant les entraînements, il faut éviter de faire voyager en même temps le mâle et la femelle constituant un même couple, surtout lorsque la femelle est sur le point d'avoir des œufs. A l'approche de la ponte, la femelle est indisposée et cette circonstance nuit à sa valeur réelle. Sans cet inconvénient, la femelle est supérieure au mâle pour voyager.

Les bonnes femelles sont très-rares mais lorsqu'on en possède une, aucun mâle ne peut lui être comparé.

Peut-on dire que les pigeons voyagent en bandes lorsqu'ils accomplissent de longs trajets ? Nous ne le croyons pas, et si cela existe pour de petits parcours, c'est parce que, mus par un même sentiment, les pigeons tendent vers le même but, mais sans s'occuper de leurs voisins et sans avoir le temps de se séparer par suite du faible parcours à effectuer.

Pratiquer, surtout dès le début, l'entraînement en opérant au moyen des bandes, c'est engendrer la paresse et nuire considérablement au but qu'on se propose d'atteindre.

Chaque amateur devrait, jusqu'á la distance de 25 kil., lâcher ses pigeons isolément pour les obliger á rechercher eux-mêmes leur route sans se laisser reconduire au logis par un ou plusieurs confrères.

Lorsqu'on aura des sujets ayant fait plusieurs étapes dans ces conditions, on pourra franchement continuer leur entraînement et on sera certain qu'ils effectueront le parcours sans l'aide de leurs semblables.

Supposons qu'on lâche 1000 pigeons à une distance de 400 kil. et que ces voyageurs appartiennent á tous les points du pays ; si le temps est favorable, le retour aura lieu dans de très bonnes conditions et la constatation se fera pour ainsi dire á la même heure dans la plupart des localités.

Cela prouve que les sujets intelligents et bien dressés ne s'occupent pas de leurs camarades indolents et bornés et que ceux-ci n'ont pas les aptitudes ni le courage nécessaires pour les suivre.

Si nous avons abordé cette question, c'est pour démontrer qu'en temps de guerre, il ne faut pas, pour être certain qu'un message parvienne à destination, l'envoyer par un aussi grand nombre de pigeons qu'on veut bien le dire Cette question sera traitée plus loin.

Depuis que le sport colombophile est devenu á la mode et que certains amateurs consciencieux et travailleurs ont communiqué á d'autres les résultats de leurs longues recherches, la plupart des colombophiles apportent plus de soin

dans les diverses opérations qu'exige un élevage méthodi-
que et raisonné. Ils soignent eux-mêmes leurs pigeons et ne
remettent ce soin à une tierce personne que lorsqu'il leur
est impossible d'y satisfaire.

Ils sont présents aux retours des entraînements et sont
d'une grande sévérité pour les sujets paresseux qui arrivent
comme les carabiniers d'offenback, toujours trop tard. Ils
ont raison d'être sévères, car c'est le seul moyen de purger
un colombier et d'empêcher qu'une race lymphatique ne s'y
introduise et ne s'y développe. Tout bon pigeon peut être
dérouté, surtout par un temps défavorable ; on le lui par-
donne bien volontiers, mais lorsqu'un concurrent s'est mis
sur le pied de déloger ou de revenir, pour de petites étapes,
toujours à la nuit tombante, il faut s'en débarrasser et le remplacer par un jeune qui donnera par la suite des résultats
plus satisfaisants.

C'est surtout pendant la 2me année de voyage qu'il faut
appliquer cette mesure car, pendant la 1re, le jeune pigeon
a dû faire son éducation et c'est seulement pendant la campagne suivante qu'il pourra montrer ses qualités et son
savoir faire.

Manière de saisir et de tenir les pigeons

Le meilleur moyen pour s'emparer des pigeons au colombier, c'est d'y amener momentanément l'obscurité de la manière suivante :

On cloue une toile assez épaisse, par l'un des bords, sur un rouleau en bois et l'on fixe l'autre bord parallèle, sur une tringle adapté au plafond et qui traverse le pigeonnier dans toute sa largeur. Ce rideau peut ainsi être roulé et soutenu au plafond au moyen de 3 courroies placées à chaque extrémité et au milieu du rouleau. On choisi pour l'emplacement de cet appareil, l'endroit du colombier assez rapproché d'un mur dans lequel aucune ouverture n'est pratiquée. Lorsqu'on veut prendre les pigeons, il suffit de baisser le rideau pour avoir immédiatement une obscurité complète, quelqu'un le soulève pendant qu'un aide chasse les voyageurs sous la toile. Par son poids, le rouleau en bois tend la toile et l'empêche de se déplacer. Les pigeons se réfugient dans les coins, où il est aisé de les prendre sans leur faire le moindre mal, soit au corps, soit au plumage.

L'emploi de ce système est indispensable dans les colombiers assez spacieux et offre le double avantage de pouvoir mettre immédiatement les pigeons dans le panier sans sortir du pigeonnier.

A cet effet, on pratique dans la cloison qui sépare le grenier du colombier, et à un 1 m. du sol, une ouverture de 0,25 cent². carrés qui permettra de placer instantanément l'oiseau dans un panier, placé sur une table contre cette cloison et dont la porte correspondra avec l'ouverture faite. Le propriétaire ou le préposé aux colombiers militaires prendra le pigeon déposé dans le panier et le classera dans la loge qui lui convient.

Ce procédé est à recommander : les pigeons s'y prêtent très bien parce qu'on ne leur fait aucun mal en les saisissant. De plus, le plumage reste intact.

Pour prendre un pigeon dans un panier, on lui applique la main sur le dos de manière que l'aile gauche soit embrassée par le pouce et l'index et l'aile droite, par les trois autres doigts, la paume venant s'appuyer légèrement sur le dos du pigeon dont le cou se trouvera ainsi placé entre l'index et le majeur.

Pour le tenir en main afin d'examiner les différentes parties extérieures du corps, on passe les pattes entre l'index et le majeur, la paume de la main droite embrassant le sternum, le pouce passant au dessus des ailes près de la queue.

En prenant ces précautions, on évite les blessures, on maintien les plumes á leur place, celles-ci restant parfaitement intactes.

Matériel nécessaire aux transports

Pour effectuer le parcours en chemin de fer, les pigeons sont placés dans des paniers en osier de forme rectangulaire ayant 1ᵐ40 de long sur 1ᵐ00 de largeur et 0ᵐ25 de haut. Le fond est garni d'une toile afin de permettre au tan de rester dans le panier et au pigeon d'y circuler librement sans se faire mal aux pattes.

Le tan tamisé que l'on dépose sur le fond est indispensable pour recevoir les matières fécales (colombine) qui, immédiatement saisies par la poussière, ne se coagulent pas pour adhérer aux pattes ou s'attacher aux ailes et à la queue.

Pour que le pigeon puisse voler avec aisance, il faut que ses plumes soient lisses et ses pattes bien propres.

La longueur et la largeur des paniers ont été calculées de façon á rendre le transport facile et à permettre d'y installer 30 à 35 sujets au maximum. La hauteur doit être assez grande afin que l'oiseau ne puisse pas se cogner la tête contre le dessus. Ces loges sont á claire-voie, condition exigée par l'administration des chemins de fer français, pour empêcher le transport clandestin de certaines substances sur lesquelles il y a un droit d'entrée considérable. Le couvercle se relève en se mouvant autour d'un des grands côtés comme charnière. La sortie se trouve parfois suivant un de ces mêmes côtés entre le fond et le dessus. A l'extérieur et suivant le grand côté, on place un bac en zinc servant d'abreuvoir et on se garde bien d'y installer une mangeoire.

Nous préconisons le système de paniers qui s'ouvrent suivant un des grands côtés, parce que en sortant de ces loges, le pigeon vole suivant l'oblique et s'élève graduellement dans l'atmosphère, tandis qu'avec les paniers dont on soulève le couvercle pour donner la liberté, il doit voler ascensionnellement ce qui pour lui est très-difficile et fort pénible. De plus, les paniers peuvent être superposés et l'ouverture étant convenable, le lâcher ne dure que quelques instants.

Convoyages

Avant la construction des chemins de fer, les sociétés colombophiles effectuaient leurs transports de pigeons par la voie ordinaire et à dos d'hommes pour les longs parcours.

Ainsi les Liégeois expédiaient des pigeons à Orléans, Tours et Poitiers par ce procédé.

Les oiseaux étaient placés dans une hotte à plusieurs compartiments (les mâles séparés des femelles) et confiés aux bons soins d'un convoyeur intègre, robuste et bon marcheur qui se rendait à pied au lieu du lâcher.

Plus tard les chemins de fer ont sillonné notre pays ainsi qus les territoires limitrophes, et les transports ont pu s'effectuer plus rapidement à l'adresse des chefs de gare à qui on remettait le soin d'opérer la mise en liberté. Bien que remplis de bonne volonté et animés du désir de bien faire, les agents des Cies de chemins de fer, pour la plupart inexpérimentés dans la matière, ne pouvaient apporter tout le soin désirable dans l'alimentation et dans les lâchers et il arriva souvent qu'ils furent involontairement cause de véritables désastres.

Enfin on décida de faire accompagner les transports de pigeons par des convoyeurs ayant la confiance des sociétés et possédant les aptitudes nécessaires.

Le convoyage a donc pour but de faire exercer une surveillance particulière, constante, sur les voyageurs aériens et d'assurer leur alimentation pendant le transport ; enfin, à des experts colombophiles le soin d'opérer les lâchers ou de décider s'il y a lieu, d'après l'état de l'atmosphère, de les ajourner au lendemain.

Dans l'état actuel, les sociétés ont formé des fédérations qui ont des convoyeurs, en titre, chargés d'accompagner les transports pendant toute la saison. Il n'y a plus aujourd'hui si petite société qui n'ait pris des arrangements pour faire convoyer ses pigeons par une société plus importante ou une fédération.

Dans les colombiers militaires, les pigeons à entraîner peuvent être accompagnés par des hommes ayant également des connaissances colombophiles et choisis dans les différents corps pour assurer les services que réclame l'entretien des colombiers. Ces hommes sont faciles à trouver car tout le monde, pour ainsi dire, s'occupe actuellement de l'élevage des pigeons voyageurs.

Parcours en chemin de fer

Les paniers sont placés l'un sur l'autre dans des wagons fermés dont on à soin de laisser les portières ouvertes afin de permettre l'aération et d'y laisser pénétrer la lumière.

Le grand côté des paniers doit-être perpendiculaire à la direction des rails.

Pour les longs parcours, les abreuvoirs sont placés dès que les wagons sont fermés, et on a soin de les enlever lors des transbordements pour les replacer après cette opération.

Pendant le voyage en chemin de fer, les pigeons sont très calmes ; ils semblent se reposer pour être plus dispos le jour du lâcher et chose curieuse, lorsque les paniers s'ouvrent au moyen d'une porte pratiquée suivant le grand côté ainsi que nous l'avons déjà décrit, les vieux grognards habitués aux ficelles des voyages, viennent se poster à la sortie attendant avec impatience le moment où la liberté leur sera rendue.

En route, les pigeons sont soignés par les convoyeurs aux heures réglementaires.

Le sport colombophile a pris une telle extension qu'il n'est pas rare de rencontrer chaque semaine, sur les lignes de chemin de fer de Liége et d'Anvers à Paris, des trains spéciaux de pigeons qui doivent être lâchés le dimanche suivant.

Caractères extérieurs des deux sexes

Comme à peu près tous les oiseaux, les pigeons ont des marques extérieures qui, à première vue, peuvent faire distinguer les sexes chez des sujets suffisamment développés sous le rapport physique, mais il n'y a pas de règles fixes pour distinguer de prime abord le mâle de la femelle. Une longue pratique, l'habitude d'avoir constamment sous les yeux des rejetons de sexes différents, leurs allures et leurs manières respectives permettent à l'amateur de dire immédiatement ce pigeon est un mâle, celui-là est une femelle.

Nous devons ajouter que bien souvent encore on se trompe. Cela est du reste, fort peu important, car il suffit de mettre un pigeon parmi quelques-uns de ses semblables pour savoir presque immédiatement à quel sexe il appartient. S'il est femelle, les mâles viendront lui faire la cour ; S'il est mâle, il roucoulera, surtout lorsqu'il sera attaqué ; ce qui ne tardera pas à arriver, car dès qu'un pigeon étranger au colombier y est introduit, toute la société l'accable de coups de bec et de menaces jusqu'à ce qu'il ait disparu ou qu'il ait été admis à en faire partie.

La difficulté de différencier les sexes n'existe que pour la femelle.

Le mâle est plus gros et plus fort ; le bec et sa protubérance membraneuse sont plus développés ; la tête est arrondie. Sa queue est presque toujours sâle et usée par le bout, parce qu'il la traîne en faisant la roue.

La femelle, au contraire, est plus petite, le bec est moins fort et la tête est légèrement aplatie vers la partie supérieure. Les os du bassin sont plus écartés que chez le mâle.

C'est au moyen de cette dernière condition qu'on peut le plus facilement et pour ainsi dire sans crainte de se tromper, distinguer les sexes.

Lâchers

Les lâchers dépendent : 1° de l'état hygrométrique de l'air, lorsque le vent souffle de l'Ouest, du Sud-Ouest, du Sud ou du Sud-Est ; 2° de l'état hygrométrique de l'air et de l'intensité du vent lorsqu'il souffle du Nord-Ouest, du Nord-Est ou de l'Est.

Il résulte donc de ce qui précède qu'un lâcher ne doit jamais être effectué en temps de pluie ou lorsqu'un des vents cités au 2° ci-dessus souffle avec force.

Dans ces conditions, et afin de ne pas avoir de grands désastres à en registrer, il est préférable de remettre cette opération au lendemain. Cependant, si cette situation se prolongeait, il faudrait bien se résoudre à mettre les pigeons en liberté. Dans tous les cas, les convoyeurs doivent se conformer ponctuellement aux instructions qu'ils ont reçues avant leur départ.

Si le cas dans lequel ils peuvent se trouver n'a pas été prévu et si leur initiative ne leur permet pas de prendre une décision, il est préférable pour eux d'en référer, par la voie télégraphique, à la commission qui leur fera connaître, par la même voie, la marche á suivre.

On prétend que la portière des loges doit être placée dans la direction du colombier.

Cette précaution est inutile ; les expériences qui ont été faites l'ont parfaitement démontré.

Si l'on place le panier dans la direction du colombier, le pigeon en en sortant, fera quelques mètres en avant et s'élévera dans l'atmosphère en décrivant des ondes orientatrices et filera ensuite suivant la route qu'il aura enfin choisie.

Si, au contraire, on place la portière du panier dans la direction opposée, l'oiseau fera quelques mètres en avant et viendra exécuter á la même place que précédemment les ondes orientatrices. La situation est donc la même dans les deux cas.

Le matin du lâcher, de très-bonne heure, les convoyeurs doivent être debout pour examiner l'état de l'air et s'occuper des soins à donner aux concurrents confiés á leur garde.

Ils font déplomber les wagons et constatent, en présence des employés du chemin de fer, si aucune infraction n'a été commise pendant la nuit. Si le lâcher doit avoir lieu, les paniers sont déchargés et transportés á l'endroit choisi pour la mise en liberté. Cet endroit doit être le plus élevé possible et présenter devant lui un espace libre non sillonné par des fils télégraphiques ou téléphoniques.

Les pigeons sont soignés à pied d'œuvre et assez à temps pour que chacun d'eux puisse boire et manger avant d'entreprendre son parcours.

Les ficelles des portières sont ensuite coupées, quelques aides se mettent à la disposition des convoyeurs et, à son signal, ouvrent les portes des paniers ou en relèvent les couvercles.

Si des messagers restaient dans les paniers, leur devoir est de les en faire sortir.

Bien que les préposés aux lâchers soient des personnes honorables se recommandant par leurs bons antécédents et incapables de la moindre faute, il est de leur intérêt d'exécuter tous ces préparatifs en présence d'un employé de la gare qui lui fera délivrer un certificat constatant l'heure du lâcher et les dispositions prises pour assurer sa parfaite exécution.

Dès que le bureau télégraphique sera ouvert, les convoyeurs enverront à la société organisatrice du concours un télégramme annonçant l'heure du lâcher ainsi que l'état atmosphérique.

Nous espérons que la réunion du congrès chargé d'examiner l'universalité de l'heure arrivera à son but de sorte que les convoyeurs ne soient plus tenus d'envoyer l'heure belge, ce qui parfois ne manque pas de susciter des ennuis.

Les vents du Nord-Ouest, du Nord, du Nord-Est et de l'Est, lorsqu'ils soufflent avec force, sont très nuisibles à la marche du pigeon qui est vite épuisé et démoralisé. Ses yeux et ses paupières se gonflent et ses forces sont fortement ébranlées après quelques heures de vol. Mais lorsque le vent vient de ces mêmes directions et sans force, le pigeon n'est presque pas contrarié ; il vol moins vite, mais on peut effectuer les lâchers.

Par n'importe quel autre vent non accompagné de pluie, les lâchers peuvent également se faire.

Les pigeons doivent être mis en liberté dès l'aube afin que, dans les entraînements moyens, ils puissent rentrer au logis avant les grandes chaleurs et que pendant les voyages au long cours, ils aient plus de temps pour voler.

Lorsque le temps est favorable, le pigeon vole depuis le moment du lâcher jusqu'à celui de sa rentrée au pigeonnier. Il ne se repose que lorsqu'il a perdu sa route ou lorsqu'il y est forcé, soit par la pluie, l'orage, le vent du nord, la faim et la soif, soit lorsque le voyage est tellement long qu'il ne peut l'effectuer en un seul jour. Aussi, dans les longs trajets, tels que Bayonne, Narbonne, Langon et Lectoure, les pigeons sont lâchés vers 4 heures ou 4 h. 20 du matin et, si le temps le permet, leur retour au colombier a lieu le jour même. Appliquant aux messagers une vitesse à peu près égale à celle que l'on constate dans les petits voyages et qui est toujours la plus grande, il reste établi que le pigeon qui effectue un semblable trajet en un seul jour, n'a pas interrompu son vol depuis le moment du lâcher jusqu'à celui du retour.

Si la distance ne peut être franchie en un seul jour, le voyageur le sent très bien, aussi déploie-t-il tous ses moyens pour se rapprocher le plus possible de sa demeure parce qu'il sait que les fatigues de la veille ralentiront sa marche du lendemain. Il vole jusqu'au moment de la nuit qui lui ordonne de s'arrêter, et il choisit alors, pour gîter, un endroit à l'abri des intempéries, des oiseaux nocturnes et de la main de l'homme. Il ne dort pas : il veille ! Et le lendemain, dès l'aurore ; il se secoue, replace convenablement son plumage et reprend son essor vers son colombier, où il arrive encore aux premières heures de la journée.

Dans certaines étapes au long cours, on a vu des pigeons arriver à la nuit tombante et leurs suivants rentrer au colombier le lendemain vers 4 1/2 heures du matin ; ces derniers avaient gîté bien près de leur demeure.

Lorsqu'on suit avec soin toutes les péripéties des différents concours, on doit s'incliner et rendre hommage au courage et á la volonté de ces petits êtres qui, par tous les temps, mettent tout en œuvre pour regagner le pigeonnier dont on les a séparés.

Ajoutons encore que les convoyeurs doivent être des gens qui, par leurs connaissances et leur initiative, peuvent faciliter aux voyageurs aériens la tâche qu'ils ont à remplir : leur mission est de s'occuper sans cesse de leur bien-être, de consulter l'état de l'atmosphère, la direction des vents et de juger si, d'après ces éléments, il y a lieu de rendre la liberté aux gentils oiseaux dont ils sont un peu les pères nourriciers.

Calcul des distances, mesurage au colombier. — Classement

Toute personne qui a installé des colombiers militaires doit posséder un tableau confectionné d'avance et relatant les différentes distances à vol d'oiseau qui séparent les pigeonniers appelés, en cas d'hostilités, à échanger leurs pigeons.

Il suffira de consulter ce tableau et de reporter la distance à celui des pages (39 à 41) pour trouver immédiatement, avec les données atmosphériques, l'heure à laquelle un message parviendra à destination.

Dans le sport colombophile, le calcul des distances joue un rôle très-important, et c'est de son exactitude que dépend un classement régulier et mérité.

Toutes les classes de la société se livrant à ce genre de sport, il a fallu chercher des systèmes qui puissent être compris et pratiqués par chacun des amateurs instruits ou non.

Tous ces systèmes se rapportent à l'établissement d'une carte levée avec la plus stricte exactitude à une grande échelle (celle dont le dénominateur est le plus petit possible), de façon à obtenir une représentation graphique dont la surface puisse être embrassée par le coup d'œil et permette de trouver les localités sans trop de recherches.

Le premier système est celui inventé par la direction d'un journal colombophile belge « l'*Epervier* », et qui consiste en une carte de la France et de la Belgique, à l'échelle du $\dfrac{1}{800,000}$.

La Belgique est divisée en un certain nombre de carrés renfermant chacun des localités numérotées qui correspondent aux mêmes numéros insérés dans un livret alphabétique.

Ces carrés sont représentés par une lettre et chacune des localités est précédée dans le livret et dans le sens horizontal, d'un chiffre et d'une lettre qui servent à en déterminer la position sur la carte.

Ainsi, supposons qu'on désire trouver la commune de Jurbise.

On cherche, dans le livret, sous la lettre **J**, le nom de la commune donnée. On regarde à sa gauche où on lit le n° 38 et la lettre **R.** Cherchons sur la carte le n° 38 dans le carré **R,** et nous aurons le point représentant la situation géographique de la localité demandée.

Supposons maintenant qu'on demande la distance de Jurbise à Corbeil.

Pour la trouver, on prend une règle graduée à l'échelle où même une simple bande de papier. On applique l'une des extrémités au point 38 et on manœuvre la règle ou la bande de papier, de manière à la faire passer par le second lieu donné. Si l'on se sert d'une règle graduée à l'échelle, on lira directement la distance kilométrique sur l'instrument, mais si l'on emploie la bande de papier, on devra la présenter à l'échelle kilométrique qui se trouve au bas de la carte.

Cette échelle est subdivisée de manière à pouvoir apprécier la distance demandée à très-peu de chose près.

Le procédé que nous venons de décrire fait honneur à son inventeur, mais ceux qui s'en servent n'en font pas toujours un emploi judicieux parce qu'ils procèdent rapidement et sans attention, oubliant sans doute qu'un léger écartement cause des différences considérables dans le calcul des distances.

Nous engageons toutes les sociétés et les amateurs à se procurer cette carte, ne fut-ce que pour avoir, sous les yeux, un bon guide pour les entraînements et les concours de toute espèce.

Il est nécessaire et même indispensable de faire remarquer que l'emploi d'une carte à grande échelle présente des inconvénients lorsqu'il s'agit de mesurer très-exactement la distance qui sépare deux colombiers, distants l'un de l'autre de 5 kil. par exemple du lieu du lâcher.

Le cas que nous citons fait l'objet d'une remarque que nous avons faite dans l'exposé des conditions à remplir par un concours pour qu'il soit régulier.

Le second système, fort ingénieux du reste, est celui qui a été inventé par Mʳ Andries, géomètre belge.

Il est plus complet et plus sûr que le premier, mais plus compliqué et nécessite, pour être bien compris, et judicieusement employé, certaines aptitudes.

Son inventeur est parvenu à réduire les difficultés de son emploi et a permis ainsi à la plupart des amateurs de s'en servir facilement.

L'auteur de ce travail important a dû, pour l'établir, donner connaissance de certains principes géodésiques, topographiques et géométriques, qui sont insérés dans son ouvrage et qu'il n'est plus besoin de développer ici.

Nous nous bornerons donc à donner, le plus simplement possible, la description de ce système qui, en 1878, a produit une grande révolution dans le monde colombophile.

Ce système repose sur l'énonciation en kilomètres, de la longitude et de la latitude d'un lieu et la position d'un point par rapport à deux axes fixes qui se coupent à angles droits dans le plan où se trouve ce point.

La longitude d'un lieu est la distance mesurée en degrés du méridien d'un lieu au premier méridien choisi par convention.

Elle se mesure le long de l'équateur ou des cercles parallèles et s'exprime en degrés, minutes et secondes, O° sur le premier méridien à 180° sur la moitié opposée du même cercle.

Elle est orientale ou est, lorsqu'elle se compte à l'Est du méridien et occidentale ou Ouest, lorsqu'elle se compte à l'Ouest.

Sur une mappemonde, elle se compte le long de l'équateur ou des cercles parallèles ; sur une carte le long du côté supérieur et du côté inférieur du cadre.

La latitude d'un lieu est la distance de ce lieu à l'équateur.

Elle se mesure le long d'un méridien et s'évalue en degrés, minutes et secondes, de O° sur l'équateur à 90° au pôle.

Comptée au Nord de l'équateur, elle est appelée latitude boréale ou Nord et désignée par la lettre **N** placée a la suite de la lettre **L** abréviation du mot latitude.

Comptée au Sud de l'équateur, elle est appelée, latitude australe ou Sud et désignée par la lettre **S** placée à la suite de la même abréviation.

Sur une mappemonde, elle est marquée le long de la circonférence de chaque hémisphère et sur les cartes, le long du côté droit et du côté gauche du cadre.

La latitude combinée avec la longitude permet de déterminer géographiquement la position d'un point de la surface de la terre laquelle est supposée avoir la forme d'une sphère légèrement aplatie aux pôles.

Les deux axes fixes qui ont été choisis de façon à se couper à angles droits dans le plan ou surface qui constitue notre pays ainsi que ceux limitrophes, sont le méridien qui passe par l'observatoire de Bruxelles et sa perpendiculaire passant par le même établi sement.

La surface dont nous venons de parler a été ainsi divisée en quatre parties déterminées chacune par un des angles droits formés par l'intersection de ces deux axes et portant les dénominations suivantes par rapport aux points cardinaux :

1. N.-E.
2. N.-O.
3. S.-E.
4. S.-O.

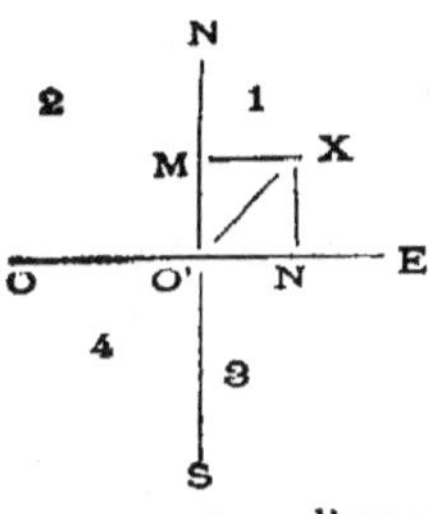

Ceci dit, représentons graphiquement les deux axes dont il a été question et désignons par la ligne N S la méridienne de Bruxelles dont le point O représente l'observatoire. Par la ligne O E la perpendiculaire à la méridienne. On voit que les points N, S, E et O de ces droites représentent les 4 points cardinaux et que chacun des angles droits 1, 2, 3 et 4, l'une des 4 surfaces dont nous venons de parler.

Prenons un point X quelconque dans une des ces surfaces et proposons nous d'abord de trouver la distance à vol d'oiseau qui le sépare du point d'origine O' qui est Bruxelles. Cette distance est évidemment donnée par la ligne droite O' X.

Si du point X, on abaisse des perpendiculaire sur N S et O E, on formera un quadrilatère dont la diagonale O' X sera la distance cherchée. Cette diagonale est l'hypothénuse du triangle rectangle O' N X dont les côtés de l'angle droit sont donnés par deux distances prises sur la méridienne et sa perpendiculaire.

Ce triangle donne l'égalité

$$\overline{O'X}^2 = \overline{O'N}^2 + \overline{NX}^2.$$

Mais $NX = O'M$; donc

$$\overline{O'X}^2 = \overline{O'N}^2 + \overline{O'M}^2 \text{ et}$$

$$O'X = \sqrt{\overline{O'N}^2 + \overline{O'M}^2}.$$

La distance O'N s'appelle abcisse et la distance O'M, ordonnée.

L'ensemble de ces lignes constitue les coordonnées rectilignes du point X.

La droite NS étant la méridienne de Bruxelles, l'ordonnée. O'M donnera, en kilomètres, la latitude du point X et la longitude correspondra à l'abcisse O'N mesurée suivant la perpendiculaire à la méridienne.

On voit par là que la question revient à mesurer 2 distances, à les élever au carré, á faire la somme de ces carrés et à extraire la $\sqrt{}$ du résultat. Cette $\sqrt{}$ représente la distance cherchée.

Sur une carte topographique levée avec la plus grande exactitude, il a suffi de tracer la méridienne de Bruxelles et sa perpendiculaire (le point d'intersection passant par l'observatoire) de repérer en kilomètres la latitude et la longitude c'est-à-dire les abcisses et les ordonnées de toutes les communes belges par rapport à ces deux lignes, et d'indiquer à la suite de chacun des chiffres qui représentent le nombre de kilomètres qui donne la latitude et la longitude, la position de ces deux éléments par rapport aux points cardinaux. Exemple. — La localité X située à 25 kil. E de Bruxelles et à 12 kil. au S. de cette ville, se représente de la manière suivante :

$$X = 25 \text{ E et } 12 \text{ S.}$$

Par une simple transformation d'origine, Mr Andries a ramené les données des cartes des pays limitrophes à la méridienne de Bruxelles et à sa perpendiculaire. Il a été facile alors au moyen de cartes topographiques à grande échelle, de déterminer, en kilomètres, les coordonnées rectilignes des principales localités des pays limitrophes.

Après avoir calculé par rapport à Bruxelles, les abcisses et les ordonnées des différents points choisis, il a fallu trouver les mêmes éléments de deux localités quelconques, ce qui permet de déterminer la distance qui les sépare.

Pour plus de facilité, l'auteur a ramené toutes les coordonnées à Bruxelles.

Il résulte de ce qui vient d'être dit que deux localités ont leurs coordonnées de même nature ou de nature différente suivant qu'elles sont situées dans la même région ou dans des régions différentes par rapport aux points cardinaux.

Dans les deux cas, la distance à chercher s'obtient facilement par l'application d'une règle donnée par Mr Andries et que nous allons démontrer par les deux exemples suivants :

· 1ᵉʳ Cas. Soit à chercher la distance de Hasselt à Turnhout, les coordonnées de ces villes étant : Hasselt 68 E - 9 N ; Turnhout 40 E - 52 N.

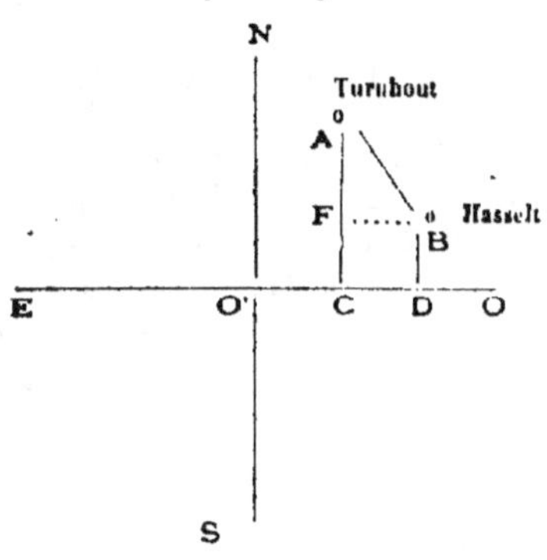

Dans la figure ci-contre, la droite A C représente la latitude de Turnhout et O C, sa longitude. La ligne B D correspond à la latitude de Hasselt et D O' à sa longitude.

Pour résoudre la question, menons, par le point B, une parallèle à O'D jusqu'à la rencontre de A C au point F.

La droite A B qui est la distance cherchée, est l'hypothénuse du triangle rectangle A B F dont les côtés A F et B F de l'angle droit, représentent respectivement la différence des latitudes et des longitudes des deux localités données. En effet, A F = A C - F C qui est égale à B D et B F = O'D - O'C. Remplaçant ces lignes par leur valeur, nous aurons : A F = 52 - 9 ou 43 et B F = 68 - 40 ou 28.

Le triangle rectangle A B F donne

$$\overline{AB}^2 = \overline{43}^2 + \overline{28}^2 \quad \text{d'où } AB = \sqrt{2633} \text{ ou } 51 \text{ kil. à } 1 \text{ kil.}$$

près, les latitudes et les longitudes données étant exprimées en kilomètres.

———

2ᵐᵉ Cas. Quelle est la distance d'Arlon à Gand ? Les coordonnées de ces villes sont : Arlon 104 E. - 129 S. Gand 45. O - 23 N -

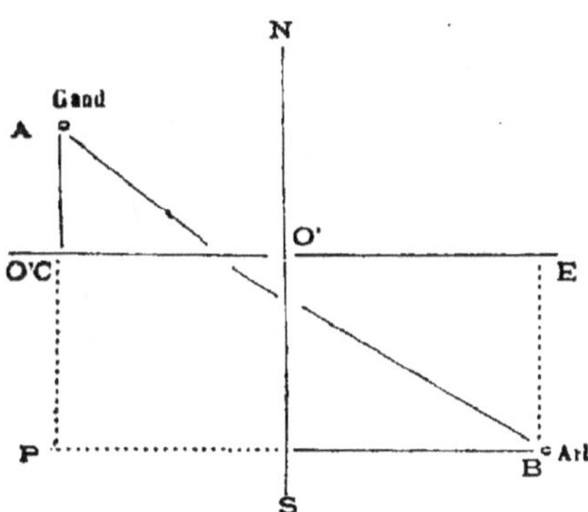

Pour déterminer la distance A B, prolongeons B S jusqu'à la rencontre de A C au point P ; nous formerons ainsi le triangle rectangle A B P dont les côtés de l'angle droit A P et B P représentent respectivement les sommes des latitudes et des longitudes des deux localités ainsi que l'indique la figure. (Il faut remarquer que la latitude de Gand doit se compter de C en O').

Le triangle rectangle A B P fournit l'égalité

$$\overline{AB}^2 = \overline{AP}^2 + \overline{BP}^2 \text{ ou } \overline{AB}^2 = \sqrt{45305} \text{ ou } AB = 213 \text{ k.}$$
à 1 kil. près.

De ces deux cas, Mr Andries a déduit la règle suivante :

Il faut prendre les coordonnées des deux localités, les soustraire, si elles sont de même nature ou les ajouter si elles sont de nature différente ; faire le carré des résultats obtenus, les ajouter et extraire la $\sqrt{\ }$ de la somme. Cette racine représente la distance cherchée à moins d'un kilomètre près. Pour l'avoir à quelques mètres près il suffit de continuer l'extraction de la $\sqrt{\ }$.

Prenons encore quelques exemples.

1° Chercher la distance entre A et B.

A est à 40 k. au Nord de Bruxelles et à 52 k. à l'Est.
B » 32 k. » » » » » 38 k. »

Les éléments étant de même nature, on doit les soustraire. 8   14

La somme des carrés donne 64   +   196 ou 260.

La $\sqrt{\ }$ 260 ou 16 kil. sera, à 1 kil. près, la **distance** demandée.

2° Cercher la distance en C et D.

C est situé à 140 k. au Nord de Bruxelles et à 152 k. à l'O.
D » 84 k. au Sud » » 48 k. à l'E.

Les éléments étant de nature différente, on doit les ajouter 224   200

La somme des carrés égale 50.176 + 40.000 ou 90.176.

La $\sqrt{\ }$ 90176 ou 300 exprime à moins d'un kil. près, la distance cherchée.

3° Trouver le distance entre E et F.

E est à 36 k. N. de Bruxelles et à 12 k. à l'Ouest.
F » 24 k. N. » » 14 k. à l'Est.

Les éléments sont de même nature et doivent être soustraits ; les 2 autres, de nature différente, doivent être ajoutés. 12   26

La somme des carrés donne 144 + 676 ou 820

La $\sqrt{}$ 820 ou 28 représente à 1 k. près la distance demandée.

Pour arriver à ces résultats, l'inventeur à dû se procurer des cartes topographiques d'une justesse réelle et se livrer à de nombreux calculs, afin d'obtenir les coordonnées kilométriques des différentes localités.

Ce système est le plus exact et le plus complet. Toutes les sociétés colombophiles devraient l'adopter, chaque amateur, posséder l'indicateur dont il s'agit et faire de nombreuses expériences, afin d'en vérifier l'exactitude et d'apprendre à s'en servir convenablement.

Cet indicateur est accompagné de tables qui ont pour but d'abréger les calculs. Il contient aussi des instructions donnant la description complète des procédés qui ont ouvert la voie de l'exactitude aux sociétés colombophiles.

En comparant la distance à vol d'oiseau à la distance officielle, donnée par la voie ordinaire, il a été démontré qu'il faut ajouter 1/6 à la première pour obtenir la seconde.

Pour qu'un concours soit régulier, il faut que les pigeons qui y prennent part franchissent en volant la distance exacte qui sépare leur colombier du lieu du lâcher. C'est ce qu'on appelle le mesurage au colombier.

Par ce moyen, personne ne peut donc par suite de la position topographique qu'il occupe bénéficier d'un certain parcours que le pigeon n'effectue pas en réalité, parce que son colombier se trouve sur la lisière Sud d'une localité très étendue et que la distance de cette cité au lieu du lâcher a été calculée en prenant la grand'place ou l'église comme point de départ.

Cet état de choses amène des résultats erronnés qui font subir des conséquences pécuniaires à beaucoup de concurrents.

Par des temps très favorables, alors que le pigeon fait 1400, 1500 et même 1600 mètres à la minute, la différence de parcours est franchie en fort peu de temps mais, les retours s'effectuant avec une grande rapidité, une différence d'une minute fait parfois reculer de plusieurs prix ou en prive ceux qui y ont parfaitement droit.

Dans de mauvaises conditions alors que la vitesse moyenne n'est guère que de 700 mètres à la minute, il faut plus de temps encore pour parcourir la même distance et il en résulte un retard plus considérable.

Prenons un exemple.

Supposons qu'un amateur ait son pigeonnier sur la lisière Sud d'un village très étendu et qu'il soit éloigné de 5 kilomètres du point qui à servi de base aux calculs des distances. Il fait cependant partie de la même localité que son confrère dont le colombier est situé sur la grand'place, par exemple, et lorsque ces deux amateurs mettront des pigeons au concours, leurs sujets seront supposés avoir franchi la même distance, alors que celui du premier aura fait 5 kilomètres de moins que celui du second.

Si la vitesse est de 1500 kilomètres par minute, le bénéfice sera de 3 minutes au minimum, temps qui peut faire perdre au second concurrent, bien des avantages au point de vue du classement des vainqueurs et de la réputation qu'on leur accorde et qui fait la renommée des amateurs.

Si la vitesse n'est que de 700 mètres à la minute, il faudra 7 minutes au second pigeon pour parcourir les 5 kilomètres. Dans ce dernier cas, la perte est plus sensible encore.

Cet exemple démontre suffisamment qu'il est indispensable de tenir exactement note de la position topopraphique du colombier et de calculer, avec la plus grande approximation, la distance de ce point au lieu du lâcher.

Ce seul procédé peut donner un classement régulier et mérité, en supposant bien entendu qu'aucune fraude ne soit commise.

C'est dans cette application que le système Andries rendra de grands services, tout en ne suscitant aucune difficulté, ni aucun ennui. Il suffit de réglementer la chose dans les concours en exigeant de la part de chaque amateur ou du moins de ceux qui se trouvent dans le cas que nous avons prévu, leurs coordonnées délivrées par l'inventeur.

Cette déclaration pourrait être rédigée de la manière suivante :

Coordonnées de M. X.

Position topographique du colombier :

à 2600 mètres Sud de l'église.

30 E   26 S.

(*Signature*).

Il serait très facile alors de vérifier la chose.

C'est par une entente préalable entre les société organisatrices de concours que l'on fera disparaître de la science colombophile toutes ces irrégularités qui jettent le trouble dans les classements et dégoûtent beaucoup d'amateurs qui savent d'avance qu'à valeur égale leur pigeon sera classé après celui de leur voisin.

Constatation

Il nous reste à parler, en ce qui concerne les concours, de la constatation de l'arrivée des sujets qui y participent.

Cette question est d'une importance capitale, car c'est d'elle seule, pour ainsi dire, que dépend un classement équitable.

On aura beau inventer tous les appareils possibles et imaginables pour servir de moyen de constatation, on n'arrivera jamais à un bon résultat, sans le précieux concours de l'intégrité qui doit toujours présider à ces opérations. Les instruments automatiques servant à constater les arrivées ne manquent pas, mais aussitôt qu'ils seront mis en usage, on recherchera, sans doute, les moyens frauduleux de s'en servir. De plus, ils coûtent fort cher et ne sont pas ainsi à la portée de tous.

Les procédés actuellement employés pour constater l'arrivée des pigeons sont :

1° La constatation au local même de la société organisatrice par un délégué ;

2° La constatation dans des bureaux auxiliaires ou à l'étranger par délégués fournis par cette même société ;

3° La constatation dans ces mêmes bureaux ou à l'étranger par des délégués fournis par des amateurs ;

4° La constatation par télégramme.

Examinons ces différents moyens au point de vue de la régularité et de l'exactitude des résultats.

1° Le premier est très-correct. Un préposé à la constatation muni d'une montre renfermée dans une boîte cachetée se trouve au local même de la société organisatrice du concours et reçoit, en présence d'un nombreux public, les arrivées qu'il a soin de renseigner sur sa liste au fur et à mesure qu'elles se présentent.

De plus, le comité tout entier ou un de ses membres se trouve toujours présent à cette opération.

2° Si les délégués fournis par la société organisatrice sont des gens honnêtes, incapables de se laisser séduire par les amateurs infidèles qui pour prix de leurs fraudes offrent aux constateurs, pour la plupart gens peu aisés, une certaine somme d'argent ; si au lieu d'accepter les propositions qui leur sont faites, ils se font un devoir de dénoncer ces infamies au comité organisateur, on pourra être parfaitement tranquille, tout ira bien.

Mais, hélas ! les choses ne se passent pas toujours ainsi et pour s'en convaincre, il suffit de jeter un coup d'œil dans les annales colombophiles.

3° Si les mêmes conditions sont remplies par les délégués fournis par les amateurs, les mêmes résultats favorables seront obtenus.

Ce système est à recommander et c'est le seul qui devrait être suivi. En effet, chaque groupe ou chaque société Colombophile participant au concours serait astreinte à fournir un délégué sachant lire et écrire convenablement, et aurait á cœur de le choisir de façon à ce qu'il ne résulte aucune contestation ou aucun reproche de son emploi.

L'un serait la garantie de l'autre et il suffirait pour éviter tout mécompte d'envoyer les délégués opérer dans des localités autres que celles d'où ils viennent et de placer de préférence les gens sérieux et sûrs chez ceux dont les agissements ont déjà soulevé certains doutes.

4° La constatation par télégramme est certainement très bonne, mais il y a aussi des inconvénients qui résultent de la façon de prendre l'heure et de la différence d'heure qui existe entre les localités.

Afin de ramener la constatation par dépêche à toutes les autres, il suffirait à l'administration supérieure des télégraphes de décréter une circulaire prescrivant que chaque fois qu'un amateur se présentera á un bureau télégraphique pour y remettre un télégramme annonçant l'arrivée d'un pigeon participant à un concours, l'heure de dépôt du télégramme sera celle constatée au moment où l'amateur se présentera au guichet porteur de la dépêche relatant le signalement du pigeon ainsi que les marques relatives au concours. C'est chose bien simple à obtenir, d'autant plus que les concours n'ont lieu qu'une fois par semaine, pendant une période de 5 mois, et que, dans ce cas, MM. les employés parfois si revêches, ne seraient guère dérangés, bien qu'ils soient lá pour servir le public.

Dangers qui menacent les pigeons

———

Dans leurs colombiers, les pigeons sont exposés aux atteintes des rats, des chats, des belettes et d'autres animaux nuisibles. Il faut donc prendre toutes les mesures de précaution que la situation du colombier commande pour éviter que ces animaux s'introduisent dans le pigeonnier où ils commettraient de véritables ravages.

Les pigeons qui se rendent à la campagne pendant l'élevage ainsi que ceux qui sont habitués à aller chercher leur nourriture dans les champs, sont exposés à être saisis par la griffe de l'épervier ou à tomber sous le plomb du braconnier.

L'épervier est un oiseau de proie de la famille des vautours, il rôde dans toutes les parties de notre pays, mais principalement dans les régions montagneuses où il trouve dans les rochers, un endroit sûr pour y élever ses petits.

Il est fort répandu dans nos contrées : Très audacieux, il s'approche souvent des colombiers pour saisir les pigeons qui s'en écartent et guette au retour, pour les saisir, ceux qui rentrent de la campagne.

C'est l'ennemi juré des colombophiles et on doit mettre tout en œuvre pour découvrir sa retraite et mettre fin à son existence !... Il produit surtout de grands ravages lorsqu'il a des petits.

Le plomb du braconnier cause également de très grands ravages.

A peine la chasse est-elle ouverte que déjà les pigeons innocents tombent morts au milieu des champs où reviennent au logis tout meurtris.

Et quand vient l'époque des concours, un véritable service de tir s'organise le long de la frontière pour faire la guerre aux messagers qui effctuent leur retour vers le colombier tant aimé.

Le gouvernement devrait prendre des mesures pour éviter ces carnages et punir d'une manière exemplaire les bourreaux d'une race intelligente et inoffensive.

Pendant les voyages au long cours, dans la région

Sud-Ouest de la France, les pigeons n'ont pas à craindre l'épervier, qui ne réside pas en été dans cette contrée et où on ne l'y rencontre qu'au printemps, á l'automne, et rarement en hiver, mais ils sont exposés aux atteintes des milans et des faucons, oiseaux de proie très dangereux mais heureusement assez rares dans la contrée dont nous venons de parler. Ils existent principalement dans l'Est de la France, en Allemagne, en Italie et en Suisse.

En temps de concours, c'est le plomb qui détruit le plus de nos voyageurs et nous formons des vœux pour qu'une loi protége les messagers aériens destinés à rendre de si grands services à toutes les nations civilisées !

Les colombiers militaires

Ce que nous venons de développer concernant le pigeon voyageur doit être observé aussi ponctuellement par les puissances qui ont installé des pigeonniers militaires que par les amateurs qui font partie des sports colombophiles ; mais il existe d'autres considérations qui ne sont applicables qu'à l'art de la guerre et que nous allons faire connaître en les examinant une á une.

Depuis bien longtemps le pigeon n'avait plus été employé dans les opérations militaires comme moyen de correspondance, mais en 1870, pendant la guerre franco-allemande, on a senti l'impérieuse nécessité d'y revenir, et la France a regretté amèrement de ne pas avoir poussé la prévoyance au point de posséder un service de correspondance au moyen de pigeons voyageurs.

Bien des évènements dont les suites ont été lamentables et désastreuses ne se seraient peut-être pas accomplis si ce service de communication avait pu être établi préalablement.

Pendant l'investissement de Metz, l'armée allemande du Prince royal de Prusse se dirigea sur Paris qui fut immédiatement cerné et mis dans l'impossibilité de communiquer avec le dehors.

Alors seulement on pensa á rechercher par quels moyens on pourrait arriver à correspondre avec la province et on ne tarda pas à découvrir que les ballons et les pigeons seuls pouvaient rendre des services sérieux en pareille circonstance.

Il y avait alors à Paris fort peu de pigeons voyageurs dressés au service des voyages, et comme leur emploi dépendait du sort réservé aux ballons chargés de les emmener vers l'intérieur du pays, on ne put les expédier en province que par fractions très minimes, qui tombèrent parfois au pouvoir de l'adversaire.

Il est inutile de rappeler ici avec quelle anxiété les messagers ailés étaient attendus dans la capitale, ni de remémorer les services immenses qu'ils ont rendus à la France, qui, peu de temps après la fin des hostilités, songea à installer des colombiers militaires dans ses principaux camps retranchés.

Cet exemple fut bientôt suivi par l'Allemagne, l'Autriche, l'Espagne, l'Italie, la Russie, le Portugal et la Roumanie.

Nous n'examinerons pas la situation colombophile dans ces différentes puissances, mais nous exposerons qu'elles sont les règles à suivre pour installer, d'après la science, un colombier militaire et les mesures à observer, en temps de paix ou de guerre, pour assurer un fonctionnement complet á cette installation.

Choix de l'emplacement du colombier

L'emplacement d'un colombier militaire doit être choisi dans l'enceinte même de la ville, et à une distance telle des remparts qu'il soit le moins possible exposé aux projectiles de l'artillerie emnemie et que l'adversaire ne puisse s'en emparer qu'avec la plus grande difficulté.

Les pigeons messagers d'une puissance sont considérés comme des instruments de guerre et rentrent dans la catégorie des choses qui reviennent au vainqueur lorsqu'une place capitule.

Lorsque la capitulation est résolue, il ne faut pas manquer de rendre la liberté aux pigeons retenus captifs, afin que l'ennemi ne puisse pas s'en servir.

On doit alors avoir soin de faire connaître par les deux meilleurs d'entre eux, la triste nouvelle de la capitulation à la place dont on possède les pigeons.

Une fois la convention signée nul ne peut plus disposer de rien.

Etabli dans l'enceinte, il suffira d'y placer en observation un officier au courant de ce service et qui serait chargé de recevoir les dépêches et de les communiquer à l'autorité désignée d'avance, soit par télégraphe, téléphone ou estafette.

Cet officier serait également chargé de la transmission des dépêches par pigeon.

Installés dans les forts, les pigeons ne seront pas soustraits à l'action de l'humidité qui leur est si nuisible et ne rentreront pas au colombier en cas de fusillade et de bombardement.

On peut, en temps de paix, habituer les pigeons au bruit de la guerre ; mais, lorsque ces oiseaux si craintifs reviendront dans leurs parages après une captivité plus ou moins longue, ils seront peureux, méfiants, hésiteront beaucoup avant de rentrer à leur ancienne demeure et s'enfuiront sans aucun doute au plus petit bruit. Et si l'installation venait à être détruite par le fer où le feu, le but à atteindre serait complètement manqué.

Pour les raisons que nous venons d'exposer, les pigeonniers militaires doivent être installés loin des grands bruits, dans des locaux convenables au point de vue hygiénique, à l'abri des projectiles, des atteintes faciles et des vues de l'ennemi.

Conditions auxquelles doit satisfaire un colombier militaire

Un colombier militaire doit remplir les mêmes conditions au point de vue de la constrution, de l'aménagement et de l'hygiène qu'un colombier de sport. Sa population ne peut pas être trop nombreuse et ne devrait jamais dépasser 150 habitants. C'est un grand tort de mettre 200 ou 300 pigeons dans un seul colombier.

Une telle population amène la confusion et, si une maladie se déclarait dans un milieu semblable, pas un pigeon n'y échapperait. On perdrait ainsi, en fort peut de temps, le fruit d'une application soutenue et employée à maintenir au plus haut degré de perfection possible une installation ayant une importance capitale.

On ne doit point oublier que tôt ou tard une affection grave se déclare, même dans les pigeonniers les mieux tenus, et produit de grands ravages. Si l'on ne peut pas l'éviter, il faut au moins l'empêcher de se propager.

On arrive à ce résultat par les soins et en évitant l'encombrement. C'est dans ce but que nous recommandons d'installer les pigeons dans des locaux spacieux et bien aérés, dont l'occupation sera réservée à un nombre de sujets relativement peu élevé.

Chaque couple doit avoir sa cage pour nicher et il est inutile en temps de paix de placer de grandes séparations qui partagent le colombier en plusieurs compartiments. Le plus grand espace possible doit-être laissé libre à l'intérieur du pigeonnier afin de permettre aux jeunes pigeons de se livrer graduellement à leurs joyeux ébats.

La ville mère comme Paris, par exemple, devrait avoir autant de stations colombophiles qu'il y aurait de villes appelées à correspondre avec elle en temps de guerre.

Chacune de ces stations serait ainsi appelée à échanger ses pigeons toujours avec la même localité.

Les entraînements se feraient réciproquement entre ces deux points et il résulterait de cette manière de faire un réel avantage dont on apprécierait la juste valeur dans les moments critiques.

Les pigeons finiraient par connaître tellement bien leur route que pour des distances de 300 kilomètres 3 pigeons suffiraient pour être certain de faire parvenir un message à destination ; dans des cas spéciaux il suffirait d'y ajouter un 4ᵉ voyageur ailé pour être certain de la réussite de l'entreprise.

Chaque colombier aurait son personnel distinct composé, en temps de paix comme en temps de guerre, d'un sous-officier comptable et d'un homme de peine.

Le sous-officier tiendrait les écritures ; le registre matriculaire, et le livre des entraînements.

L'homme de peine serait chargé des travaux de propreté, du régime alimentaire et des convoyages. Les deux premières opérations auraient lieu sous la surveillance du gradé. Ces militaires seraient choisis autant que possible parmi les volontaires n'ayant pas d'avenir et qui par leur instruction suffisante, leurs bons antécédents et les connaissances dans la matière seraient appelés à rester le plus longtemps possible dans leur position.

Un certain nombre de militaires seraient dressés aux différents services de manière que dans une circonstance quelconque aucune entrave ne soit apportée dans leur marche régulière.

Quatre ou cinq pigeonniers suivant le cas pourraient être installés dans un seul bâtiment ; ils formeraient une station et seraient placés sous la direction d'un officier qui aurait pour mission en temps de paix d'exercer une surveillance active sur le régime alimentaire, l'élevage, les entraînements et la comptabilité.

En temps de guerre, il serait chargé : 1° d'exercer la même surveillance sur les pigeons du colombier correspondant ; 2° de recevoir les dépêches apportées par les pigeons de sa section et de les transmettre à l'autorité indiquée ; 3° d'assurer l'envoi des télégrammes ou des nouvelles en retour.

Cet officier serait aussi responsable des divers services confiés à sa direction. En procédant de la sorte, le plus grand ordre régnerait dans toutes les installations et le service ne pourrait qu'y gagner.

Les accouplements, l'élevage, les entraînements la mobilisation recevraient dans chaque station une impulsion uniforme qui, inspirée par le sentiment du devoir, conduirait aux meilleurs résultats.

Un personnel un peu plus nombreux serait nécessaire, mais doit-on regarder à quelques employés en plus lorsqu'il sagit d'assurer un service qui, pour être installé, à coûté beaucoup d'"argent, beaucoup de peine ? Nous ne le pensons pas, et nous croyons au contraire qu'il est de l'intérêt des puissances qui ont établi des colombiers militaires de ne rien négliger pour arriver au but qu'elles se proposent d'atteindre.

Chaque sous-officier et chaque homme de peine ne tarderaient pas à prendre un grand attachement pour les gentils oiseaux confiés à leurs soins, une certaine émulation règnerait dans chaque station et nous sommes certains d'avance que les états ne regretteraient rien de ce qu'ils auraient fait.

Les pigeonniers d'une même ville seraient placés sous le contrôle des autorités territoriales et toutes les installations ressortiraient à la direction dont le siège serait au département de la guerre.

Tous les détails relatifs à l'exécution des différentes mesures prises seraient réglées suivant les lieux et les circonstances d'après un programme arrêté par la direction à laquelle des spécialistes seraient attachés.

L'Élevage

L'élevage doit se faire au sein même des colombiers et non au jardin d'acclimatation où dans des locaux particuliers où les sujets sont emprisonnés.

C'est sous les yeux du personnel employé au service de chaque colombier que les jeunes pigeons doivent grandir, afin qu'on puisse étudier leurs caractères, les aduire facilement et les soumettre ensuite aux entraînements.

Chaque colombier doit suffire à ses besoins. Il faut que chaque année on élève un nombre de jeunes suffisant pour remplacer les pertes causées par les maladies, les voyages et les cas imprévus.

Il peut arriver que l'élevage ne réussisse pas dans un colombier ; dans ce cas, les autres pigeonniers seront chargés d'élever des jeunes qui seront ensuite transportés dans celui où l'élevage n'a pu se faire.

Il faut en tous points suivre les règles que nous avons tracées dans le chapitre qui traite de l'élevage.

Lorsque dans un pigeonnier ou sera arrivé à un croisement dont les produits sont bons, on conservera soigneusement les reproducteurs et on pourra répandre leurs petits dans les différents colombiers pour améliorer la race.

Il est facile de comprendre que si les accouplements et l'élevage sont bien conduits on arrivera, vu le grand nombre de pigeons possédés par chaque puissance, à obtenir des sujets hors ligne sur lesquels on pourra toujours compter.

Entraînements

En adoptant le système que nous venons de décrire, et qui consiste à avoir dans la ville appelée à correspondre avec plusieurs localités, une station pour chaque localité correspondante, les entraînements seront faciles à opérer.

Les sujets d'une même station seront toujours entraînés dans la même direction et il en sera de même des pigeons de la station correspondante.

Ces messagers finiront par connaître tellement bien leur route que par tous les temps et tous les vents, on sera certain de faire parvenir un message à destination.

Dans un colombier où se trouve un nombre de pigeons relativement peu élevé, comparativement aux populations nombreuses actuelles, celui qui les soigne ainsi que celui qui est chargé de la comptabilité connaissent tous les messagers à vue, leurs exploits, leurs qualités et leur sexe ; tandis que dans les pigeonniers trop peuplés, il faut à chaque instant avoir recours aux écritures. Ce moyen amène des ennuis, occasionne des pertes de temps et empêche les préposés aux colombiers de se perfectionner dans les diverses branches de la science.

Toutes les règles que nous avons tracées concernant les entraînements des sports colombiles, s'appliquent également à ceux auxquels doivent être soumis les pigeons militaires.

Les distances à parcourir sont moins grandes, ce qui augmente les chances de retour et diminue en même temps le nombre de sujets qu'il est nécessaire d'employer pour être certain de faire arriver la nouvelle à bon port.

Dans les sociétés, les entraînements commencent au printemps et les concours finissent vers la mi-septembre, époques pendant lesquelles la température est généralement favorable au vol du pigeon.

Mais il n'en est pas de même dans l'application du pigeon à l'art de la guerre ; on doit pouvoir s'en servir en plein hiver comme au printemps et en été. Pour arriver à ce but, il faut pratiquer les entraînements pendant la saison rigoureuse.

A cette époque le pigeon a une tendance à garder le pigeonnier parce qu'il redoute les rigueurs de la saison. Ses facultés semblent s'endormir pour se réveiller à l'approche du printemps ; il faut les entretenir par des entraînements moyens pendant l'hiver, pour le forcer en temps de guerre et dans de semblables circonstances à faire usage de tous ses moyens pour opérer son retour.

Les entraînements seront moins fréquents et on choisira de préférence les jours où la terre étant couverte de neige, quelques rayons de printemps viendront embellir l'hiver. Le but, dans ce cas, est d'habituer le pigeon a exercer son vol le plus librement possible dans cette saison.

Pendant cette mauvaise période les pigeons, égarés sont exposés aux tourments de la faim parce qu'ils ne peuvent se procurer, dans les campagnes durcies par la gelée ou couvertes d'un épais manteau blanc, la nourriture qui ne fait jamais défaut pendant la bonne saison. Ils sont alors, malgré le plus vif désir de regagner le colombier, obligés, pour échapper à la mort de chercher asile dans un pigeonnier étranger.

Il ne sont pas tourmentés par la soif, ils aiment beaucoup la neige qu'il avalent avec avidité et se plaisent à becqueter la glace pour en séparer de petits morceaux qu'ils introduisent ensuite dans leur gésier.

Pour les entraînements à opérer en hiver il faut attendre que le pigeon ait terminé sa mue.

Les messagers des sports colombophiles étant destinés à franchir de très grandes distances et à participer au plus grand nombre de concours possible, il est nécessaire de commencer les entraînements dès le début de la saison afin que les concurrents aient eu le temps d'effectuer les étapes préparatoires. Mais il n'en est pas de même dans les colombiers militaires où cette opération peut-être retardée jusqu'au 12 mai de façon à éviter les désastres qui sont très souvent causés par les mauvaises journées de fin mars et du commencement d'avril pendant lesquelles le vent du Nord règne parfois pendant des semaines entières.

Les entraînements doivent être présidés par l'officier chargé de la haute surveillance de la station colombophile qui a été placée sous sa direction.

C'est lui qui doit désigner les sujets qui doivent y prendre part, et qu'il est nécessaire de faire accompagner par le militaire chargé de les soigner habituellement. Le sous-officier comptable doit être présent au colombier pour constater, montre en main, le retour des voyageurs, et prendre note des résultats.

Les paniers doivent être plombés au moyen d'une pince

portant le n° du colombier et la 1re lettre du nom de la ville où le colombier est installé. A l'arrivée au lieu du lâcher, le chef de gare ou son suppléant devrait vérifier l'état de l'expédition et s'assurer du nombre de sujets contenus dans chaque panier.

Il remettrait au convoyeur pour être transmis à l'officier directeur, une déclaration conçue dans les termes suivant.

Le nommé X, est arrivé à B à ...... heures accompagnant 4 paniers de pigeons contenant ensemble 120 sujets.

La liberté leur a été rendue à ...... heures précises.

Vent Sud. Temps clair.
Le plomb portait la marque.

(*Signé*).

Ce bulletin permettrait de s'assurer si le convoyeur s'est conformé aux instructions qu'il a reçues et si les opérations ont été bien exécutées.

Mesures à prendre en cas de mobilisation

Dès que la mobilisation de l'armée est décrétée, les pigeons sont enfermés, saisis et expédiés dans la localité à laquelle ils sont destinés. Celle-ci de sont côté agit de même de sorte que les pigeons de A sont à B et ceux de B à A.

On trouvera dans le système d'installation d'un réseau colombophile décrit plus loin la manière de procéder et les dispositions á prendre.

Les documents à transmettre pour les pigeons doivent être envoyés au commandant de la place qui les remettra à l'officier chargé du service colombophile.

Le sous-officier comptable et l'homme de peine doivent accompagner les pigeons et rester dans la place à laquelle ils sont destinés, jusqu'à la fin des hostilités.

Habitués à voir journellement les pigeons, á examiner leur retour les jours d'entraînement, le sous-officier n'aura pour ainsi dire pas besoin des documents qui les concernent et il suffira, lorsqu'on aura besoin d'un messager de lui dire : donnez-moi le pigeon n° ..... Il mettra immédiatement la main dessus.

On évitera ainsi la confusion et les blessures.

Les échanges doivent se faire le même jour, entre deux pigeonniers correspondants et il faut avoir soin de séparer les mâles desfemelles.

Dès qu'un pigeonnier est vide, on y place les séparations destinées à le diviser en compartiments.

Les n°ˢ 1, 2, 3 sont destinés aux mâles, les 3 autres aux femelles. Entre les deux grands compartiments on laisse un espace libre qui permet la libre circulation et qui facilite l'entrée dans les six petits.

La population sera répartie dans chacun deux par 1/6. Cette disposition permettra de s'emparer immédiatement du sujet désigné sans faire aucun mal aux autres. Un écriteau sera appendu à chaque cage et renseignera le 1ᵉʳ et le dernier n° de la série qu'elle contient. Installés de la sorte, les pigeons seront à leur aise, le régime alimentaire pourra s'assurer convenablement et une hygiène convenable sera en tout temps maintenue.

La sortie du colombier ne doit pas être bouchée.

Lorsque la liberté devra être rendue à des messagers, il suffira de les lâcher par une fenêtre de l'aile du bâtiment opposée à celle où se trouve le pigeonnier.

Chaque place devra posséder en quantité suffisante le matériel, les ustensiles et les produits nécessaires pour assurer l'envoi des dépêches à expédier au dehors et la reproduction de celles reçues.

Dans tous les colombiers, le couloir laissé libre entre les deux rangées de compartiments permettra d'éviter la confusion lorsque les pigeons aduits rentreront. Quand on saisira ceux-ci pour les débarrasser de leurs dépêches, on ne les replacera pas dans le couloir, mais dans un endroit à part où les mâles seront séparés des femelles. Dès qu'un compartiment deviendra vide par suite de l'emploi des pigeons, il servira a contenir les messagers au fur et à mesure des nouvelles rentrées.

Pour que l'ennemi soit á même de détruire, en partie, les effets du service de correspondance par pigeons voyageurs, il faudrait qu'il pût envoyer dans une ville, au moment où les hostilités paraîtront imminentes, un certain nombre de pigeons et que d'un autre côté celui qui les recevra puisse en donner en échange. Or, il est pour ainsi dire impossible d'arriver á ce résultat et une simple surveillance de la part des administrations des chemins de fer, des douanes et de la police suffira pour empêcher la réalisation de ces projets.

Lorsqu'on pense à la quantité de pigeons, aux appareils et au personnel qu'il faudrait pour organiser un service aussi important, on peut dire que son installation ne saurait se faire sans être remarquée.

Les pigeons privés, des localités ou des places que l'ennemi traverserait et dont il s'emparerait ne pourraient pas d'avantage être employés. Les premiers ne seront aduits nulle part; les derniers seront lâchés et retourneront dans leur colombier. Il est dans tous les cas, fort prudent d'interdire aux particuliers, en temps de guerre, la correspondance au moyen de pigeons voyageurs, surtout dans les places assiégées.

Celui qui contreviendrait à cette défense serait qualifié d'espion et traité comme tel.

Comptabilité & Marquage

Les documents administratifs, étant destinés à servir de guides pour la désignation des messagers, doivent être établis avec la plus grande exactitude et ne pas être trop nombreux.

Tous les pigeons seront numérotés de un au dernier numéro dans chaque station : les numéros impairs destinés aux mâles, les numéros pairs aux femelles, de manière que deux nombres consécutifs représentent toujours le couple assorti.

Pour les vieux pigeons, le numérotage doit se faire deux fois par an. Le premier aura lieu quinze jours avant les entraînements et le n° sera appliqué sur une plume muée. Le second se fera en même temps que le recencement en décembre.

A cette époque, le numéro sera apposé sur la 2me plume de l'aile. Chaque pigeon portera ainsi deux numéros et quelles que, soient la saison et les circonstances, on pourra toujours retrouver le numéro et par suite la filiation du sujet.

Dès que les jeunes sont à même de voler, il est nécessaire de les marquer afin d'éviter les erreurs dans les croisements et leurs produits. A cet effet, on adoptera pour le marquage des jeunes des numéros plus petits que pour les vieux et on suivra la série de : un au dernier.

L'encre à marquer les vieux sera rouge, celle destinée aux jeunes sera bleue. On aura ainsi deux moyens de reconnaître, en ouvrant l'aile, si le pigeon est classé parmi les jeunes ou parmi les vieux.

Dès que les jeunes commenceront à muer, le n° qui a été apposé sur une des grandes plumes lorsqu'ils n'avaient qu'un mois sera reporté sur une penne muée et, au mois de décembre, le même pigeon sera marqué sur une des grandes pennes. Au printemps suivant, il sera marqué comme les vieux. Chaque cage dans laquelle un couple a élu domicile sera numérotée de sorte qu'il ne sera pas nécessaire de reporter le n° du nid sur l'aile du pigeon, parce que c'est une rare exception de voir un couple de pigeons abandonner le nid pour en prendre un autre, surtout lorsqu'il y a deux plateaux dans chaque cage.

Chaque pigeon doit avoir un feuillet matricule établi d'après le modèle ci-dessous.

Il suffira de consulter ce feuillet pour connaître instantanément la provenance, le sexe, l'âge, le signalement et la valeur d'un messager.

Toutes les marques doivent être apposées sur les plumes de manière que l'empreinte en fer n'appuie jamais sur la nervure médiane qui constitue l'os de la plume.

Au fur et á mesure qu'un sujet disparaît par suite d'une cause quelconque, on tracera une ligne à l'encre rouge en travers de son feuillet et on indiquera suivant cette ligne le motif de la disparition.

La feuille ne sera pas détruite ; elle sera retirée du portefeuille lors du recensement, pour être classée.

Le pigeon portant toujours le même numéro tant qu'il fait partie du Colombier et les feuillets des pigeons disparus étant classés par année, il sera toujours facile de retrouver la feuille des reproducteurs.

On doit autant que possible remplacer les sujets disparus aussitôt que les pertes se produisent car il est indispensable, pour les voyages, que les pigeons, surtout les vieux, soient accouplés.

Dans ce cas, le nouveau venu ou celui qui remplace l'absent doit porter le même numéro que son prédécesseur et son feuillet doit-être classé immédiatement avant celui du 1ᵉʳ.

Il est nécessaire d'apposer sur une penne muée, en même temps que le nᵒ, le nom de la localité à laquelle le pigeon appartient afin que dans le cas ou il viendrait à s'égarer, celui qui le recevra dans son colombier puisse savoir d'oú il vient. Dans les villes oú il y a plusieurs colombiers, le nom de la localité sera suivi du nᵒ du pigeonnier.

Au moyen du livre matricule seul, on pourra toujours se servir des pigeons même sans les connaître.

1886

PARIS

1ʳᵉ Station

N° 21

Colombier N° 2

Mâle : Roux

Né le 15 février 1884

Provenance { Mâle : N° 3 de 1881 } où du Colombier
{ Femellle : N° 3 de 1882 } de Belfort.

VOYAGES ACCOMPLIS

1884	1885	1886	1887	1888	1889	1890
200 kil.	350 kil.	500 kil.	600 kil.	700 kil.	»	»

Valeur { pigeon certain, á employer pour le transport
du { des dépêches recommandées surtout lorsque
sujet { le temps est favorable.

Colombier avec lequel { SEDAN
il sera éhangé. {

Lorsque les différentes opérations d'un marquage complet auront lieu pendant une captivité d'une assez longue durée, le directeur du pigeonnier qui a les pigeons en échange, devra avoir soin de faire renouveller les numéros afin que la mue ne les fasse pas disparaître.

Manière d'attacher les dépêches

Presque chaque puissance a son moyen particulier pour attacher les dépêches. Nous allons décrire les 2 principaux.

En France la dépêche est écrite sur une feuille de papier pelure de 6 à 10 millimètres carrés et est introduite dans un tube de plume d'oie de 0,04 de longueur. Ce tube est enfilé dans l'axe du couteau d'une grande plume de la queue solidement enfermée dans son alvéole.

Les barbes de la plume servant d'axe sont ensuite relevées et pour bien caler le tube on introduit dans le vide une brechette en bois.

En Allemagne, le tube est fermé à un bout et fixé à ses deux extrémités à l'aide d'un fil de soie qui vient se nouer au dessus de la plume de l'oiseau.

L'extrémité ouverte, fermée avec de la cire est tournée vers le corps du pigeon.

Le fil de l'extrémité fermée passe à travers le tuyau, de sorte que l'on est sûr que celui-ci ne peut ni glisser, ni s'échapper.

Ces deux systèmes sont excellents et permettent, depuis la découverte du procédé photo-microscopique, de faire porter par un pigeon, en un gramme, la valeur de 1500 lignes imprimées.

Vers la fin de l'année 1870, on fit usage pour l'envoi des nouvelles, du procédé photo-microscopique qui permit d'expédier au moyen de quelques pellicules un nombre considérable de dépêches.

Citons à ce sujet, une relation publiée par l'encyclopédie théorique et pratique des connaissances civiles et militaires.

« Au début, les dépêches étaient exécutées á la main « sur du papier très fin, puis vinrent les réductions photo- « graphiques et enfin la méthode de réduction photo-mi- « croscopique qui était une application des découvertes de « M. Barresvill. Ce procédé consistait à centraliser tous les » télégrammes à transmettre, à les condenser une première

« fois en les typographiant, de façon á former comme les
« colonnes d'un grand journal, à les photographier ensuite
« à une échelle très petite et à envoyer les pellicules photo-
« microscopiques par pigeons.

» Bien que réduit á des dimensions minimes, ce
« journal télégraphique phothographié arrivait à Paris en
« caractères très nets dont la lecture n'exigeait que l'emploi
« d'une forte loupe.

« Voici d'après le Colonel Hennebert, comment on
« procédait.

« On réduisait le journal photographique en un petit
« cliché mesurant à peu près en superficie le 1/4 d'une carte
« à jouer. L'épreuve était ensuite tirée sur une feuille de
« collodion fort mince et du poids de quelques centi-
« grammes. MM. Dragon et Fernique ont ainsi reproduit
« 470 pages typographiées. La réduction s'effectuait au
« 1/800ᵉ. Chaque page comportait près de 25,000 lettres soit
« environ 200 dépêches.

« Un ensemble de 16 pages tenait sur une pellicule de
« $0^m,03$ sur $0,^m05$ et ne pesait guère qu'un demi décigramme.

« Un pigeon emportait une vingtaine de pellicules dont
« le poids ne s'élevait pas à un gramme. L'ensemble de ces
« dépêches correspondait à 800,000 lettres ou chiffres repré-
« sentant à peu près la matière d'un volume in-12. 150,000
« dépêches officielles et 1 million de dépêches privées ou de
« mandats-poste photo-microscopiques ont été ainsi expé-
« diés à Paris.

« Imprimés en caractères ordiuaires, ces dépêches
« formeraient une bibliothèque de plus de 500 v. Tout cela
« apporté par des oiseaux.

« La dépêche arrivée par pigeon était placée sous le
« porte-objet d'un microscope photo-électrique.

« L'image de la dépêche, projetée sur un écran, s'am-
« plifiait à ce point qu'on pouvait en déchiffrer à l'œil nu
« tous les caractères. »

On voit d'après ce qui précède que 2 places bloquées et
convenablement reliées au moyen de pigeons messagers
peuvent correspondre longuement.

Nombre de pigeons nécessaires pour la transmission d'une dépêche

L'expérience a démontré : 1° qu'un pigeon bien dressé réunissant les conditions d'aptitude exigées d'un sujet de 1ᵉʳ ordre est réglé comme une pendule lorsque le temps est favorable, et qu'on peut toujours compter sur lui à moins d'accident.

Il n'en existe pas beaucoup de cette qualité dans un colombier, mais les autres peuvent dans l'art de la guerre être employés avec grand succès.

Ils n'effectueront pas leur retour avec autant de rapidité, mais on peut-être certain que les 7/10 d'entre eux rentreront au logis dans le courant de la journée du lâcher à moins que la distance à franchir ne soit trop considérable, que le temps soit mauvais ou qu'ils aient été victimes d'un accident.

Il résulte de ce qui précède que le nombre de pigeons nécessaires pour faire parvenir une dépêche à destination dépend :

1° de la distance à franchir ;
2° de l'état de l'atmosphère ;
3° de la direction et de l'intensité du vent régnant ;
4° des dangers à traverser ;
5° de la valeur et de l'âge des sujets.

Si la distance à franchir ne depase pas 200 kil, on peut y employer des messagers de 6 mois au moins lorsque le temps est favorable.

Il faudra alors 3 voyageurs aîlés.

On doit toujours se placer dans les circonstances les plus défavorables et compter que parmi les 3 pigeons un pourra devenir la proie du plomb ou de la griffe ; qu'un autre pourra s'égarer pour une cause quelconque et que le 3ᵉ enfin rentrera au colombier.

La pratique prouvera très souvent que cette manière de calculer laisse la meilleure part à l'imprévu et il arrivera presque toujours qu'au moins deux voyageurs sur trois rentreront au logis.

Si le lendemain soir du jour ou un lâcher aura eu lieu, le pigeonnier correspondant n'a pas renvoyé de ses nouvelles, c'est qu'aucun des messagers ne sera arrivé à destination ; on pourra alors opérer un nouveau lâcher.

Il est bien entendu que nous employons ici des pigeons

d'espèce, parfaitement entraînés et que le message dont chaque pigeon est porteur doit faire mention que la même dépêche a été remise aux pigeons n°ˢ.

Pour une distance analogue à celle que nous venons de citer et même pour des distances plus petites, il faudra lorsque le temps sera défavorable, employer de préférence des pigeons ayant au moins deux ans parceque un pigeon ayant de 2 à 6 ans est plus expérimenté, plus fort et plus à même de résister au mauvais temps qu'un pigeon de l'année ou de 1 an.

Si la distance est plus considérable on emploiera des sujets d'un ordre supérieur et d'un âge plus avancé ; on augmentera le nombre de messagers dans la proportion de 1 pour 50 k. en plus surtout si l'état de l'atmosphère rend le vol pénible et difficile.

Nous donnons ci-dessous des tableaux renseignant la marche à suivre dans les diverses circonstances.

VENT ET TEMPS FAVORABLES

DISTANCES A FRANCHIR	NOMBRE DE PIGEONS A LACHER	AGE	OBSERVATIONS
100	2	6 m. au moins	Par un temps cou-
150	2	id.	vert et un vent favo-
200	3	de 6 m. à 1 an	sable le pigeon voya-
250	3	1 an au moins	ge facilement et on
300	4	1 à 2 ans	peut s'en rapporter
350	5	2 ans	aux données de ce ta-
400	6	3 ans	bleau.

VENT FAVORABLE, TEMPS DE PLUIE

DISTANCES A FRANCHIR	NOMBRE DE PIGEONS	AGE	OBSERVATIONS
100	3	1 an	
150	3	1 an	
200	5	1 à 2 ans	
250	6	2 ans	
300	7	2 à 3 ans	
350	9	3 ans	
400	11	3 à 4 ans	

VENT et TEMPS DÉFAVORABLES

Distances	Nombre de pigeons	Age	OBSERVATIONS
100	4	1 an	Les données de ce
150	5	1 à 2 ans	tableau devront être
200	7	3 ans	suivies en hiver par
250	9	id.	les temps froids et
300	10	id.	rigoureux.
350	11	id.	
400	12	3 à 4 ans	

Toutes les données de ces tableaux sont le résultat d'expériences que nous avons faites et que nous avons vu faire un nombre infini de fois.

La distance qui sépare 2 stations colombophiles ne pouvant que dans des cas exceptionnels atteindre ou dépasser 300 kilomètres, nous pouvons dire que la moyenne des pigeons nécessaires pour envoyer un message peut être fixé à 4.

En supposant qu'il y ait un envoi de dépêches chaque jour, il faudrait donc pour assurer le service de correspondance pendant 6 mois entre 2 places dont l'une au moins serait bloquée, une population colombophile de 180×4 ou 720 sujets dans chacune des localités, ou chacune des stations.

Cette population devrait être répartie entre 5 colombiers contenant chacun 144 pigeons.

On formerait dans ce cas 1 station composée de ces 5 colombiers.

Les femelles étant séparées des mâles, les inconvénients de la ponte disparaîtront et on pourra les employer avantageusement.

Nous développerons plus loin, le système d'installation d'un réseau colombophile pour 1 puissance de 1er ordre.

Les magasins des fourrages ou de l'intendance devront en tout temps posséder des approvisionnements de graînes de l'espèce et de la qualité que nous avons énumérées dans le chapitre qui traite du régime alimentaire.

Il est impossible de s'arrêter à la pensée de n'employer qu'un seul pigeon pour la transmission d'un message.

Ce seul facteur peut s'égarer, devenir la proie du plomb

et des oiseaux nuisibles. Que devient alors la nouvelle attendue si impatiemment ? elle se perd ou tombe entre les mains de l'adversaire.

C'est en tenant soigneusement compte de ces considérations que nous préconisons l'emploi de 4 pigeons pour chaque expédition.

On peut être certain qu'un d'entre eux arrivera à temps à destination. Si le 2ᵉ s'égare, il ne rentrera jamais que vers le soir au plus tôt dans un colombier étranger et comme, dans le cas qui nous occupe, les opérations sont supposées avoir leur théâtre sur le territoire ami, la prise de ce pigeon ne constituera pas un avantage pour l'ennemi, car il ignorera son refuge et, celui qui en sera possesseur se fera un devoir de le rendre à sa patrie en lui donnant la liberté le lendemain matin après l'avoir bien soigné. Si le 3ᵉ devient la proie des oiseaux dangereux nul avantage encore pour l'adversaire ; le message sera perdu ou détruit.

Enfin si celui-ci parvient à tuer un voyageur ailé ce qui est très difficile, il possédera la dépêche, mais comme dans les cas importants elle sera écrite d'après un alphabet secret et de convention il n'y comprendra rien. Le messager ayant été tué dans ce cas, il sera impossible aussi à l'ennemi d'envoyer de fausses nouvelles.

Dans toutes les circonstances, l'emploi des pigeons doit être réglé d'après les conditions que nous avons énumérées, le nombre doit en être diminué ou augmenté suivant les circonstances.

Projet d'installation d'un réseau de stations colombophiles en France

Nous allons examiner l'installation et l'organisation d'un réseau complet de stations colombophiles en France :

1° Dans l'hypothèse que le territoire français serve de théâtre d'opérations aux armées venant de l'Est ou du Nord ;

2° En supposant que les armées françaises passant la frontière de leur pays transportent le théâtre de la guerre sur un territoire voisin.

PREMIÈRE HYPOTHÈSE

Recherchons d'abord quelles sont les places qui constitueraient les stations du réseau.

Il y aurait 4 centres dont un principal et 3 secondaires : le centre principal serait Paris, les centres secondaires, Langres, Lyon et Tours.

Paris n'est distante des localités frontières qui formeraient les stations du Nord et du Nord-est que de 239 kilomètres au plus, de sorte qu'aucune station intermédiaire ne devra être établie dans ces 2 directions pour assurer rapidement et sans encombre le service de correspondance entre la capitale et la frontière.

Il n'en est pas de même des places de Belfort de Besançon et de Lyon qui sont plus éloignées et qui ont besoin d'un relais pour la réussite des opérations colombophiles.

Si l'on possédait toujours des sujets de premier choix, les relais ne seraient pas nécessaires, mais les sujets de l'espèce sont relativement peu nombreux dans un même colombier. On doit, dès lors, dans l'application de la science colombophile à l'art de la guerre, tenir compte de cet élément et y ajouter encore le jeune âge de beaucoup de messagers ainsi que le peu d'entraînements auxquels ils auront été soumis par suite de l'époque à laquelle les hostilités pourront commencer. Dans ces cas, les parcours ne doivent pas être trop longs et il est nécessaire de n'y employer dès le début, et surtout lorsque les conditions atmosphériques sont favorables au vol, que les pigeons les moins âgés, parce que la longue captivité attaque plus facilement le sentiment du retour chez le jeune pigeon que chez le vieux.

Lorsqu'on a à sa disposition de vieux voyageurs habitués à suivre par tous les temps leur route dans l'athmosphère comme un navire bien conduit la suit à travers l'immensité des mers, ces inconvénients sont pour la plupart écartés et on peut alors faire effectuer des parcours très longs.

Il faut pour les raisons que nous venons de donner, établir un relais entre Paris et la frontière Est du côté de Belfort et de Besançon.

Langres par sa position convient parfaitement pour l'établissement de ce relais.

Le temps perdu à chaque point d'arrêt pour détacher les dépêches et les remettre à un nouveau messager serait regagné pendant la dernière partie du trajet total, franchie par un pigeon frais et dispos et parconséquent, avec plus de rapidité.

Les distances qui séparent Langres, de Belfort et de Besançon étant minimes on pourra avantageusement employer des pigeons de l'année pour faire le service de messager entre ces localités.

Langres étant appelée á transmettre à Paris les dépêches de Belfort, de Besançon et de Lyon, devra avoir 1|3 de pigeons en plus que les autres stations pour correspondre avec la capitale.

En 1870, les armées Allemandes se sont avancées lusqu'à Orléans. Le même fait pouvant se reproduire dans une prochaine guerre, il est indispensable d'assurer le service de correspondance dans cette partie du territoire et de le pousser jusque dans le Sud-est de côté de Lyon. Les distances étant plus grandes encore que dans le Nord et dans l'Est, on établirait aussi deux relais. Le premier à Tours, le second à Lyon.

On prélève annuellement en France sur le budget de la guerre, une somme de 80 à 100,000 francs pour le service des colombiers militaires ; lorsqu'une puissance est arrivée á employer à l'organisation d'un service indispensable en temps de guerre, une somme aussi importante, elle ne doit rien négliger pour donner à ses installations, dès le temps de paix, tout le développement exigé afin que le jour où ces différents services seront appelés à fonctionner, on soit à même de faire face à toutes les exigences des situations les plus critiques.

Examinons maintenant l'installation proprement dite

Lille
Valenciennes
Maubeuge
Reims
Langres
Besançon
Dunkerque
Lyon
Suisse
Méditerranée

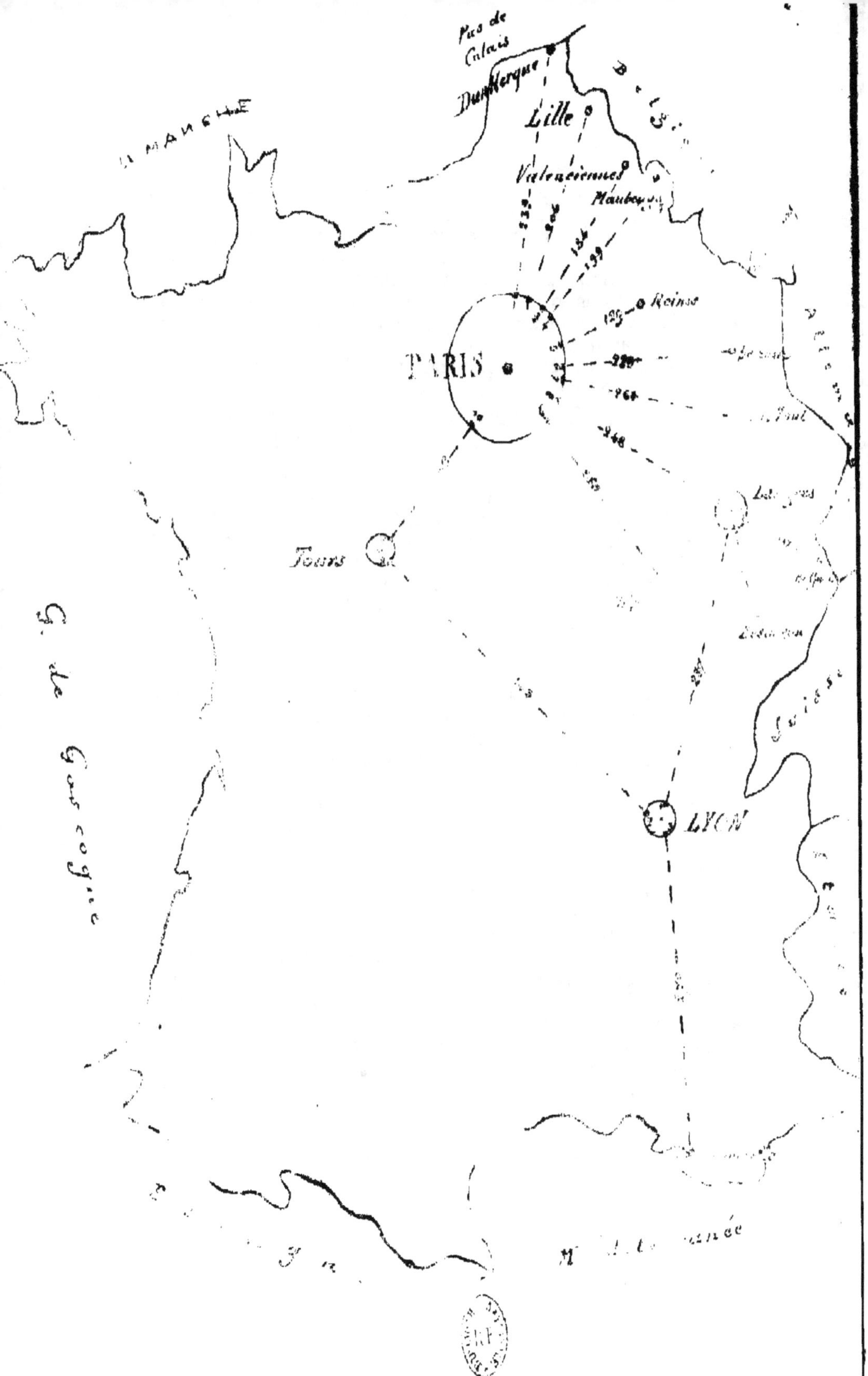

PARIS

Pas de
Calais
Dunkerque
Lille
Valenciennes
Maubeuge
Reims
La Manche
Tours
LYON
G. de Gascogne
Suisse

du réseau colombophile qui devrait exister en France et qui est renseigné sur la carte ci-contre.

Pour correspondre avec la frontière Nord et Nord-est, Paris devrait avoir autant de stations qu'il y a dans ces contrées de localités appelées à être reliées avec la capitale.

Les stations numérotées sur la carte de 1 à 7 dans la circonférence représentant l'enceinte de Paris, seraient chargées d'assurer le service.

Le N° 1 correspondrait avec DUNKERQUE
N° 2   id.   LILLE
N° 3   id.   VALENCIENNES
N° 4   id.   MAUBEUGE
N° 5   id.   REIMS
N° 6   id.   VERDUN
N° 7   id.   TOUL

Ces 7 stations renfermeraient chacune 5 colombiers.

Au moyen du relais de Langres, Paris correspondrait avec l'Est et le Sud-est. Langres devrait posséder 4 stations. Elles sont numérotées de 1 à 4 sur la carte.

Le N° 1 correspondrait avec BELFORT
N° 2   id.   BESANCON
N° 3   id.   LYON
N° 4   id.   PARIS

Au moyen du rélais de Tours Paris correspondrait avec les localités du centre de la France. Tours devrait avoir, pour assurer ce service, 2 stations.

Le N° 1 correspondrait avec PARIS
N° 2   id.   LYON

Afin de compléter l'organisation du système et de mettre Marseille et Lyon en relation avec les autres parties de la France un relais serait installé á Lyon qui posséderait 3 stations.

Le N° 1 correspondrait avec LANGRES
N° 2   id.   TOURS
N° 3   id.   MARSEILLE

Indépendamment des stations nécessaires pour correspondre avec le Nord et le Nord-est de la France, Paris devrait avoir 3 stations destinées à établir la communication avec LANGRES, DIJON et TOURS. Ces stations sont numérotées de 8 à 10 dans la figure représentant la capitale.

S'il est reconnu que d'autres stations sont nécessaires (surtout entre MAUBEUGE et VERDUN) elles seront établies d'après les mêmes bases que celles dont nous venons de parler.

Installé d'après les règles que nous préconison, le système sera csmplet et quelle que soit la situation dans laquelle la France se trouve en temps d'hostilités et lorsque son territoire servira de théâtre aux opérations militaires, elle pourra établir des communications directes entre la capitale, les quartiers généraux et les différentes places fortes du pays.

Etant donné qu'il faut pour entretenir pendant 6 mois une correspondance entre 2 localités dont l'une au moins est bloquée, environ 720 pigeons par station repartis entre 5 colombiers, il faudra pour la ville de Paris qui posséderait d'après notre système 10 stations, composées chacune de 5 pigeonniers, une population totale de $720 \times 10 = 7200$ pigeons.

Langres de son côté posséderait 4 stations ou une population de $720 \times 4 = 2880$ pigeons.

Lyon devrait avoir 3 stations ou $720 \times 3 = 2160$ pigeons.

Enfin Tours aurait 2 stations ou $720 \times 2 = 1440$ pigeons.

Le réseau embrasserait en plus 11 stations DUNKERQUE, LILLE, VALENCIENNES, MAUBEUGE, REIMS, VERDUN, TOUL, BELFORT, BESANCON, DIJON et MARSEILLE qui pour être reliées avec les 4 centres exigent un effectif de $720 \times 11 = 7920$ pigeons.

La France devrait donc posséder pour l'installation d'un réseau complet une population totale de $7200 + 2880 + 2160 + 1440 + 7920 +$ une réserve de 1400 répartie dans les différents colombiers $= 23000$ pigeons.

Il est établi qu'un pigeon coûte en moyenne 1 centime par jour pour son entretien, ce qui fait 3 fr. 60 par an soit pour les 23000 pigeons, une somme total de 82800 francs. Défalquant de ce chiffre le produit de la vente de la colombine qui par an et par pigeon s'élève à 0,50 environ soit 11500 frs, il reste une dépense annuelle de 71300 francs somme qui n'atteint pas celle allouée tous les ans par le Département de la guerre français.

Nous ne tenons évidemment pas compte des frais de premier établissement ni des frais de transport pour les entraînements.

Tableau des distances kilométriques à vol d'oiseau qui séparent Paris et les 3 centres secondaires des localités avec lesquelles ils sont appelés à correspondre

---

Paris à Dunkerque	239	kil.
id. Lille	206	id.
id. Valenciennes	184	id.

Paris	Maubeuge	199	kìl.
id.	Reins	129	id.
id.	Verdun	220	id.
id.	Toul	261	id.
id.	Langres	248	id.
id.	Dijon	255	id.
id.	Tours	208	id.
Langres à Belfort		117	id.
id.	Besançon	86	id.
id.	Lyon	237	id.
Lyon à Marseille		270	id.
id.	Tours	363	id.

DEUXIÈME HYPOTHÈSE

Supposons maintenant que les armées françaises aient franchi la frontière de leur territoire, pour transporter le théâtre des opérations sur un territoire voisin. Dans ce cas, le système fixe que nous venons de décrire aura encore sa grande utilité.

Il suffira d'emporter dans des voitures-cages convenablement aménagées, une partie des pigeons constituant la population colombophile des pigeonniers de la frontière, de les conserver au quartier général et de les lâcher au fur et à mesure que des dépêches devront être expédiées au gouvernement.

Ils retourneront au colombier d'où ils viennent. Là, le message sera détaché et transmis au destinataire par la voie télégraphique. Daprès ce procédé le pays pourra en tout temps être tenu au courant de toutes les opération militaires.

La construction des voitures-cages dépendra du nombre de pigeons qu'on devra emporter.

Il y en aura une pour chaque colombier de la frontière et elle devra être aménagée de manière á former plusieurs compartiments où les pigeons seront casés comme ils le sont dans les pigeonniers en temps de mobilisation.

Ces véhicules feront partie du matériel de la place et seront envoyés complétement équipés aux endroits indiqués.

Les faces de ces voitures seront à claire-voie mais le soir, une toile à voile goudronnée les recouvrira. Elles devront être remisées pendant la nuit dans un endroit où les rongeurs, les chats et d'autres animaux nocturnes nuisibles ne seront pas à craindre.

On devra se pourvoir des provisions nécessaires pour assurer la subsistance des messagers et emporter les documents indispensables pour pouvoir en tout temps se mettre immédiatement en possession des sujets dont on aura besoin.

Une partie du personnel chargé d'assurer le service des colombiers militaires dans les places où les pigeons auront été pris accompagnera les voitures et sera chargé des soins, de l'entretien et des autres détails d'exécution du service.

En Belgique

La Belgique est le pays qui possède le plus de pigeons voyageurs. C'est elle qui a fourni aux autres puissances les snjets renommés qui ont peuplé leurs colombiers.

Toutes les communes de notre territoire possèdent au moins une société colombophile et cet état de choses favorable permettrait, si cela était nécessaire, d'installer du jour au lendemain, un service de correspondance au moyen de pigeons voyageurs entre 2 points quelconques de notre pays.

Se basant sans doute sur cette situation, l'Etat n'a pas cru, jusqu'à ce jour, devoir installer des colombiers militaires, parce qu'il sait qu'en cas de besoin il lui suffirait, pour être servi, de faire appel aux patriotisme des amateurs colombophiles belges qui pour obliger leur pays céderaient avec empressement leurs meilleurs sujets.

Mais un service établi dans ces conditions serait d'un fonctionnement difficile. Manque de personnel, de renseignements sur les sujets, d'installations, de matériel et d'appareils, tout cela à la fois viendrait contrarier et entraver la marche des opérations colombophiles.

Nous croyons qu'il est indispensable d'installer ce service dès à présent.

Dans l'état actuel des choses, il suffirait de mettre Liége et Namur en relation avec Anvers.

En prenant pour base les données que nous avons exposées pour l'installation du réseau français, 2 stations seraient nécessaires à Anvers pour correspondre avec Liége et Namur et 2 stations devraient être installées dans chacune de ces 2 dernières localités,

Anvers aurait donc 2 stations.

Le N° 1 correspondrait avec Liège

Le N° 2 correspondrait avec Namur

à raison de 720 pigeons par station soit 1440 pigeons.

Liége en aurait également 2

Le N° 1 correspondrait avec Anvers.

Le N° 2 correspondrait avec Namur

Soit encore 1440 pigeons.

Namur en aurait aussi 2

Le N° 1 correspondrait avec Anvers
Le N° 2 correspondrait avec Liège
Soit enfin 1440 pigeons.

Une population totale de (1440×3)=4320+une réserve de 280 à partager entre les différentes stations soit 4600 pigeons serait donc nécessaire pour assurer le service pendant 6 mois.

L'établissement de fortifications dans la vallée de la Meuse modifiera sans doute ce projet qui devra être complété par la création de nouvelles stations en prenant pour base qu'il faut 1 station dans chaque localité pour en desservir une autre. Les modifications voulues seraient apportées en cas de besoin.

Ne tenant aucun compte des frais de 1ᵉʳ établissement, il faudrait pour l'entretien etc une somme annuelle de 17000 francs de laquelle il faut déduire 2500 francs montant de la vente de la colombine. Il resterait donc une dépense totale de 14500 francs.

Pour tous les détails d'exécution on suivrait exactement ce que nous avons dit en décrivant le système français.

Pour l'établissement d'un réseau de stations colombophile dans une puissance quelconque, il suffit de faire un choix raisonné des places qui doivent recevoir des pigeons voyageurs et de leur appliquer les principes que nous avons développés dans l'exemple choisi.

Maladies

La santé du pigeon dépend du régime alimentaire, du milieu hygiénique dans lequel il vit et de quelques causes extérieures dues à l'état de l'atmosphère et à la saison. Malgré tous les soins que l'on prend pour éviter certaines affections de naître et de se développer, il est parfois impossible de les empêcher de se déclarer et de revêtir un caractère épidémique.

C'est particulièrement aux époques des voyages, des grandes chaleurs et de la mue que ces affections, font leur apparition.

Pendant les parcours en chemin de fer, les pigeons contractent bien souvent des maladies pour la plupart cancéreuses et si on n'y tient la main, ils la répandent bien vite parmi leurs semblables dès leur retour au colombier.

Aussitôt qu'on s'aperçoit qu'un sujet de quelque valeur qu'il soit présente les symptômes de l'une de ces affections, il doit être isolé afin d'éviter la contagion et traité au nitrate d'argent.

Le Rhume

Cette maladie présente chez le pigeon les mêmes symptômes que chez l'être humain.

Elle se déclare d'habitude aux époques des fortes chaleurs pour disparaître avec la mue.

Elle est due aux courants d'air, aux changements brusques de température et a l'ingurgitation d'eau trop froide.

Dès qu'un sujet est atttcint de cctte affection, les yeux gonflent légèrement et coulent. Il éternue, la muqueuse s'en flamme, le nez s'obstruc et déjecte une substance aqueuse grisâtre que le pigeon expulse des narines.

L'inflammation poursuit son cours et s'attache à la membrane qui tapisse l'intérieur du bec et l'arrière gorge. La même substance s'accumule dans le bec et oblige parfois l'oiseau à le tenir à demi ouvert.

On entend alors un léger grincement produit dans les organes respiratoires. S'il n'est pas apparent, il suffit pour se convaincre qu'il existe, de saisir l'oiseau et d'approcher sa tête de l'oreille de l'examinateur.

Si l'inflammation s'arrête là, l'affection sera de courte durée et le pigeon guérira après une période de 3 semaines. Mais si elle s'étend aux bronches, elle prendra un caractère plus grave ; le pigeon tousse ne sait plus roucouler et devient taciturne.

Il faut alors lui introduire dans le gosier 6 graines de poivre par jour (2 le matin, 2 à midi et 2 le soir) et lui faire prendre du thé de Tilleul. Ceci est un remède familier á la portée de tous et qui donne d'aussi bons résultats que tous les médicaments possibles. Il faut avoir soin d'enlever les mucosités qui se trouvent dans le bec et de laver la muqueuse avec du miel rosat. Cette opération doit se faire plusieurs fois pendant la journée.

Les pigeons de 1 an au moins supportent fort bien cette affection dans toutes ses phases et peu en meurent.

Il n'en est pas de même des pigeonneaux chez qui elle dégénère souvent en phtysie. Ils dépérissent et vivent dans cet état pendant plusieurs mois.

Cette affection ne les empêche pas de boire et de manger mais il est impossible de les faire voyager.

Elle se propage avec rapidité et nous sommes autorisés à dire qu'elle revêt très vite un caractère épidémique malgré tous les soins qu'on puisse prendre pour l'arrêter ou au moins pour la circonscrire.

Cette année encore, nous l'avons vue éclater dans plusieurs colombiers composés de plus de 50 pigeons et pas un seul n'y a échappé.

Aucun vieux sujet n'en est mort. Elle a fait 6 victimes parmi les pigeonneaux de 1886 et s'est déclarée en juillet pour finir en octobre.

Lorsqu'ils guérissent, les pigeons n'en conservent aucun germe. Ils sont tout aussi forts, aussi bien développés, volent avec autant de vitesse, et accomplissent d'aussi longs trajets que ceux qui n'en ont pas été atteints.

Dès qu'elle se déclare, il faut badigeonner le colombier et y disposer un vase de sel brut double de celui qu'il contient ordinairement.

Ce qui prouve que cette maladie est due aux causes que nous avons énoncées, c'est qu'elle se déclare à la même époque dans des colombiers différents dont les habitants ont participé à des étapes pendant lesquelles ils ont essuyé des orages, alors qu'ils étaient en pleine transpiration.

L'affection que nous venons de décrire, n'est pas dangereuse, mais sa guérison est lente et lorsqu'elle se déclare au commencement de la saison des concours, elle prive l'amateur de tous ses agréments. Faire voyager des pigeons qui en seraient atteints serait vouloir les perdre.

Le Muguet

Le muguet est une maladie qui produit de grands ravages parmi les pigeonneaux.

Chez le vieux pigeon elle consiste en une granulation blanchâtre qui tapisse la membrane intérieure du bec et de l'arrière gorge et qui empêche l'oiseau de manger á son aise et de respirer librement. Au bout de quelques jours elle jaunit et s'étend sur toutes les parois sous forme de nappe très mince. Elle s'enlève alors très facilement au moyen d'une brochette en bois recouverte d'un linge très fin ; mais immédiatement après cette opération, les tissus se contractent, la suppuration s'opère et une nouvelle couche recouvre la plaie dès le lendemain. Elle est toutefois moins grande et moins épaisse que la première surtout lorsqu'on a eu soin de panser la plaie après avoir enlevé la sécrétion. Après cette opération, il faut graisser la partie malade au moyen d'un enduit composé de beurre et de poivre. Cette substance chasse l'inflammation et ramène l'état normal après quelques jours de traitement.

Si l'affection a son siége dans l'intestin, le mal est pour ainsi dire sans remède. Il faut mettre le sujet à la diéte, l'isoler et lui donner des pillules composée de beurre, et d'aloës.

M. Pasteur attribue cette maladie à l'introduction dans la membrane muqueuse des voies digestives d'une sorte de champignon microscopique.

Ce microbe voyage dans le sang et va déterminer dans le bec, l'arrière-bec, l'œsophage et les intestins la production de granulations purulentes qui se transforment bientôt en plaques jaunâtre. Il y a tout lieu de croire que le muguet a son germe dans les eaux qui servent à l'alimentation du pigeon. Ce qui tend à le prouver c'est qu'il n'est pas rare de voir cette affection se développer en fort peu de temps parmi les sujets d'un colombier et cesser de se propager lorsqu'on a supprimé l'eau et isolé les malades.

Les pigeonnaux contractent presque toujours cette affection alors qu'ils sont encore dans les nids. Il est a supposer dans ce cas, qu'elle leur est communiquée par les parents et qu'elle se développe rapidement par suite de l'humidité et des refroidissements brusques.

Chez eux elle a son siège dans l'arrière gorge. Dès qu'on aperçoit un léger gonflement à la partie supérieure du cou, il suffit de la tâter pour sentir qu'un dépôt s'y est formé.

Si on ouvre alors le bec de l'oiseau, on voit une tumeur jaunâtre qui tapisse l'œsophage et qui empêche les aliments de passer.

Il est presqu'impossible d'extraire cette tumeur sans porter atteinte au système respiratoire ou digestif et l'oiseau doit infailliblement périr. Il languit et meurt au bout de quelques jours.

Lorsqu'un pigeonneaux est atteint de cette affection il vaut mieux le tuer de suite afin de lui éviter les souffrances et de ne pas amener la contagion.

Pendant l'élevage et surtout après les nuits froides il n'est pas rare de trouver dans un colombier plusieurs jeunes pigeons atteints de cette affection pour ainsi dire incurable. Ces cas sont dus aux refroidissements brusques de la température au moment ou les parents cessent de couvrir leurs jeunes.

Le Maïs, ainsi que nous l'avons déjà dit dans le chapitre relatif au régime alimentaire développe souvent chez le jeune pigeon une maladie analogue que les amateurs appellent « le chancre de maïs ». Cette graine qui est assez volumineuse renferme à sa partie inférieure une pointe qui empêche le glissement sur les parois de l'arrière gorge et de l'œsophage. Lorsque les aliments introduits par les parents dans le gésier de leurs petits ne sont pas assez imbibés de salive et qu'ils sont chassés en grande quantité, il arrive qu'une graine de maïs se fiche dans les parois de l'arrière gorge ou de l'œsophage, s'y décompose et donne naissance à un cancer. Nous avons retiré bien souvent le grain tout entier de la gorge du jeune et pu examiner le dégat causé dans cette partie de l'organisme. Pour la raison que nous venons d'exposer, il faut encore bannir le maïs du régime alimentaire. Cette graine peut aussi donner naissance à une affection qui se caractérise par la chute des plumes et une éruption de la peau. La guérison s'obtient en changeant de nourriture, en frottant la partie atteinte avec une solution de souffre et en évitant d'exposer les malades au soleil.

Maladie d'ailes

Une maladie qui produit aussi de grandes pertes non par la mortalité mais en enlevant aux messagers, les moyens de faire mouvoir leur appareil de locomotion, c'est la maladie d'ailes.

Un sujet qui en est atteint peut-être classé au rebut et ne peut plus servir qu'à la reproduction en supposant toute fois que son rétablissement lui permette encore d'exercer son vol au moins aux a'entours de son colombier, car un pigeon prisonnier donne presque toujours naissance à des jeunes rachitiques et scrofuleux.

Cette affection consiste en un gonflement de l'aile qui empêche les articulations de se mouvoir avec la même rapidité et pendant un temps aussi long que de coutume ; elle se caractérise au toucher par une légère bosse jaunâtre que l'on rencontre en passant le pouce sur l'aile.

Le pigeon qui souffre de cette affection ne sait presque plus voler et c'est à peine s'il peut regagner sa couche.

C'est un véritable rhumatisme qui ne disparaît jamais entièrement dès que la maladie a été bien caractérisée. Il se manifeste après la moindre fatigue ou le plus petit effort.

Cette maladie est due en grande partie à l'humidité du colombier ou a la mauvaise situation qu'il occupe ainsi qu'aux efforts que font les pigeons pour regagner leur nid lorsqu'ils ont de longs trajets à affectuer.

Il est tellement vrai que l'humidité joue un grand rôle dans cette affection, que des pigeons atteints de la maladie d'ailes et placés dans un local bien sec, bien aéré et exposé aux rayons bienfaisants du soleil, accusent bientôt une amélioration dans leur état.

Cette maladie revèt parfois un caractère épidémique, même dans les pigeonniers les mieux tenus, sans qu'on sache à quelle cause locale l'attribuer. Y a-t-il un remède à ce mal. Jusqu'à ce jour nous n'en connaissons aucun dont l'application ait donné un résultat satisfaisant.

Les pigeons chez qui la maladie s'arrête et disparaît après les premiers symptômes, guérissent très facilement sans conserver la moindre trace de cette affection. Mais nous pouvons dire, d'accord avec la plupart des connaisseurs, qu'un pigeon qui a la « bosse » peut-être mis au rancart en ce qui concerne les concours.

Nous avons fait des incisions, appliqué des emplâtres, électrisé la partie malade, donné des pilules recommandées et d'autres médicaments et nous n'avons jamais obtenu une guérison complète.

Il en est de cette maladie comme de celles du même genre dont sont affligés bien des humains le moyen de la guérir comme disait un vieux médecin, c'est de ne pas la contracter.

Cette affection peut aussi devenir héréditaire dans certaines espèces mais ne se transmet pas toujours par voie de génération. Elle peut également provenir de la grande différence d'âge des sujets mis ensemble, des pontes fréquentes, des fatigues produites par les longs voyages, des efforts, des contusions etc...

Coup de sang

Lorsqu'un pigeon est atteint de cette affection il tombe tout à coup, perd le sang par le bec et meurt bientôt si après l'avoir saigné en lui coupant un ou deux ongles, on ne lui plonge la patte dans l'eau tiéde.

L'avalure

L'avalure est une maladie de vieillesse qui a pour résultat de rendre les pigeons inféconds. Elle se manifeste par un déplacement des organes de la reproduction. Dans ce cas, il n'y a pas de remède. Elle peut être amenée chez la femelle par la ponte lorsque l'œuf par son passage dans les organes, désséche l'oviducte et cause une hernie. Il faut séparer la femelle de son mâle et la soumettre á un régime alimentaire tout particulier.

Eviter les aliments qui échauffent, purger le sujet au moyen du sel Anglais.

Indigestion

L'indigestion provient de l'ingurgitation d'une trop grande quantité de graines.

Elle peut avoir des suites fatales, surtout lorsque le pigeon n'est pas surveillé.

Il est atteint de cette affection lorsqu'il mange avec excès, et principalement après une abstinence plus ou moins longue.

Il entasse alors le manger dans son jabot et ne prend pas même le temps de boire pour imbiber les aliments d'eau et permettre ainsi leur transformation. Le gésier durcit et le pauvre volatile étouffe bientôt, si l'on ne vient pas á son secours.

Le meilleur moyen de sauver l'animal, c'est de lui faire

une incision dans le gésier pour pouvoir en extraire les graines qui s'y trouvent. Cette ouverture se pratique à la partie supérieure du jabot. Les graines extraites, on nettoie le gésier et on recoud les deux parties de la membrane au moyen d'un fil de soie.

Si les distributions de nourriture sont bien réglées, on peut sans peine éviter cette affection qui, du reste, est excessivement rare dans les colombiers bien tenus.

La Ladre

Nous avons dit précédemment que les nourriciers ne pouvaient être entraînés au moment de l'éclosion ni trois ou quatre jours après, parce qu'à cette époque, ils dégorgent une bouillie qui, pendant les premiers jours, constitue la nourriture des petits. Cette bouillie est sécrétée par la membrane qui tapisse l'œsophage et le gésier, et lorsque, par suite de l'absence ou de la mort de leur petits, ils ne peuvent se débarrasser de cette secrétion, ils sont exposés à contracter l'affection appelée la Ladre.

Pour éviter qu'elle ne se déclare, il ne faut pas faire voyager les pigeons dont les œufs sont sur le point d'éclore, et si l'éclosion ne peut avoir lieu ou si les petits viennent à périr, il est nécessaire de substituer aux œufs, un petit d'un autre nid. Cette substitution se fait sans aucune difficulté et écarte tout danger.

Mais si l'affection existe, il faut enlever du colombier les sujets qui en sont atteints, les mettre à la diète et les faire purger au moyen d'aloës ou de rhubarbe.

Si l'application de ce remède ne donne pas un bon résultat, on aura soin de pratiquer, dans le jabot, l'incision dont nous avons parlé à propos de l'indigestion, de le nettoyer complètement et de le recoudre ensuite.

Diarrhée

Cette affection paraît périodiquement dans presque tous les colombiers oú les pigeons sont en liberté. Elle se déclare au bout de quelques jours lorsqu'après avoir été bien nourris, ils sont privés de graines et obligés d'aller chercher leur manger à la campagne.

Il s'opère alors un changement assez brusque dans le régime alimentaire et il en résulte généralement un dévoiement qui ne cesse que quand ils sont complétement habitués à la nouvelle nourriture. Cette affection est d'ailleurs de courte durée. Si elle se prolongeait, il faudrait nourrir ses pigeons comme par le passé ou les empêcher, le plus possible de se rendre à la campagne.

Si les graines formant la base de l'alimentation, sont humides, moisies ou de mauvaise qualité, le système digestif est encore dérangé et le pigeon est bientôt atteint de diarrhée.

Dans ce cas, le remède consiste à donner à ses sujets une nourriture de même nature que celle qu'ils prennent habituellement, mais d'une qualité supérieure.

Si les pigeons nourrissent, leurs petits ne tarderont pas à contracter la maladie de leurs nourriciers. Ils y résisteront difficilement, surtout s'ils sont au début de leur croissance.

Les matières liquides qui s'échappent des intestins, répandent dans le colombier, un certain degré d'humidité qui ne fait qu'aggraver la situation des pigeons atteints du dévoiement.

Variole ou poquette

Cette affection qui, chez certains êtres, se manifeste par une éruption générale de la peau, commençant par la face et s'étendant ensuite aux autres parties du corps pour gagner rapidement les différentes extrémités, se caractérise chez les dindons les oies et les pigeons par des tumeurs dont le siége est au bec, aux côtés des yeux, près de l'oreille et à l'extrémité du gros de l'aîle à proximité des cellules d'où sortent les grandes remiges à l'état naissant.

Les boutons qui poussent aux endroits que nous venons d'indiquer, revêtent une couleur jaunâtre, sont légèrement purulents au début de la maladie, se durcissent bientôt et prennent ensuite une teinte grisâtre.

Les vieux pigeons contractent cette affection dans un milieu humide et malsain ou dans les paniers pendant les parcours en chemin de fer.

Elle peut encore naître accidentellement à la suite des coups de bec que les pigeons se donnent.

Elle est plus fréquente chez les pigeonneaux, et, pour eux, elle est le résultat du contact ou de l'insalubrité des pigeonniers où l'on rencontre une grande quantité d'insectes à l'époque des chaleurs.

Cette maladie n'est pas dangereuse. Pour obtenir la guérison du sujet malade, il suffit de cautériser les plaies au moyen de la pierre infernale.

Si l'on ne veut pas employer ce procédé, on isole le pigeon pendant quelque temps ; les boutons sèchent et ne tardent pas à tomber. Ils séjournent plus longtemps, lorsqu'ils se trouvent aux extrémités des ailes et ne disparaissent complètement qu'avec la mue.

Les croûtes qui succèdent à la partie liquide, sont grisâtres, coniques et formées de plusieurs couches superposées. Si on les enlève avant que l'inflammation de la peau ait cessé, elles se renouvellent.

Il existe beaucoup d'autres maladies que nous n'avons pas encore eu l'occasion d'examiner et dont nous nous abstiendrons de parler. Mais la plupart d'entre elles se rapportent aux pigeonneaux et les rendent scrofuleux, nuisent à leur développement ou les font languir.

Ces affections prennent leur racine dans le milieu même qui a donné naissance au sujet et comme tout jeune pigeon ne présentant pas à première vue les caractères physiques exigés d'un messager de premier choix est presque toujours anéanti, on s'est peu occupé de ces maladies.

Terminons ce chapitre en traçant une marche excellente pour ramener la santé aux hôtes d'un colombier qui, sans avoir une affection bien caractérisée, sont cependant atteints d'un malaise général. Ils sont, dans ce cas, tristes et refusent presque toujours la nourriture qu'on leur présente.

Il faut les purger. A cet effet, on enlève la fontaine qui se trouve dans le colombier, et on la remplace par un plateau évasé dans lequel on a fait dissoudre, le 1ᵉʳ jour, environ 100 grammes de sel anglais pour 45 pigeons ; le 2ᵉ jour, la dose est portée à 200, pour arriver à 300, le 3ᵉ jour.

Il est nécessaire au préalable, de supprimer la nourriture pendant un jour. Lorsque la purge a produit ses effets, on donne à ses pigeons de très bonnes féveroles et de très bonnes vesces. On ne tardera pas alors à voir la santé et la gaiété renaître dans son colombier.

Nous recommandons dans tous les cas de maladie et même en temps ordinaire, de donner de l'eau ferrée que l'on obtient facilement en déposant dans un récépient des morceaux de fer sur lesquels on verse de l'eau potable. Au bout d'un jour et demi, l'eau sera faite et on pourra la servir aux pigeons.

Insectes

L'acare assassin est comme le décrit M. Masson, un petit insecte rougeâtre, infime arachnide, très actif et d'une effrayante vivacité. Il aime la chaleur et l'obscurité et exerce ses ravages principalement pendant la nuit. Le dessous des plateaux à nicher en est parfois recouvert et ils ne tardent pas à gagner les pigeonneaux.

La propreté et le badigeonnage à la chaux les fait complètement disparaître.

On se débarrasse du poux, de la puce et de la tique en employant le même procédé.

Mais il existe un autre parasite qui produit de grands ravages, c'est le tiquet qui s'attache à sa victime au moyen de ses huit pattes et fait des morsures cruelles par suite de l'instillation d'une petite dose de venin.

Cet insecte se loge dans les fissures et ne sort de sa retraite que vers le soir. Pour s'en débarrasser, on le chasse au moyen d'une lumière et on l'écrase sur les murs où il se répand croyant échapper à la mort.

On insuffle de l'acide salicylique en poudre dans le plumage des pigeons atteints et on cautérise la morsure avec une goutte d'amoniaque. Ce mode de traitement est préconisé par M. de Voble professeur de l'école d'horticulture de l'Etat à Gand.

Mal blanc

Il est plusieurs affections que nous n'avons pu suivre entièrement dans leur marche, nous en parlerons d'après M. Masson qui les a très bien décrites.

Le mal blanc se produit dans l'intérieur du bec et est très dangereux lorsqu'il se localise dans la gorge. Cette affection ressemble assez bien au muguet.

Pour la guérir, il faut prendre un pinceau, le plonger dans du vinaigre mélangé avec un peu d'eau et laver la partie malade.

On peut aussi, comme dans bien des cas du reste, employer la pierre infernale, mais tout le monde ne s'en sert pas avantageusement et il vaut mieux dans ce cas avoir recours aux remèdes familiers.

Cancer

En général, lorsqu'un cancer prend racine et se développe, le seul remède est d'enlever la partie durcie et de cautériser celle mise á vif avec la pierre infernale.

Lorsqu'on a continuellement l'œil sur ses pigeons il est aisé de reconnaître dès les premiers symptômes quels sont ceux atteints d'une semblable affection et il sera facile alors de la faire disparaître.

Gale

Lorsque les pigeons sont atteints de la gale, les pattes se recouvrent de masses blanches qui se développent entre les écailles des pattes et les soulèvent. Cette affection assez rare apparait dans les colombiers assez proches des poulailliers et est communiquée par les parasites des poules. Pour guérir la gale, on lave les pattes avec de la benzine ou on pratique des frictions avec la pommade soufrée.

Congélation

Lorsque les hivers sont longs et rigoureux, les pigeons finissent par souffrir du froid. Leurs pattes se congèlent et deviennent noirâtres. Par la suite elles pourrissent et tombent. On comprend que des sujets atteints d'une semblable infirmité ne sont plus bons à rien. La guérison n'existe pas il faut empêcher l'affection de naître.

Les pigeonniers étant ordinairement installés dans les parties élevées des habitations on pourra, pendant les périodes rigoureuses, choisir un emplacement provisoire où les pigeons seront casés pour les soustraire à l'action du froid. Il faut dans ces conditions, séparer les mâles des femelles.

Blessures

Il arrive encore assez fréquemment qu'un pigeon soit blessé par le plomb du braconnier ou la griffe d'un oiseau de proie. Il faut alors couper les plumes qui entourent la blessure et laver celle-ci avec de l'eau froide. Les plaies se refermeront d'elles-mêmes. Il est inutile d'ajouter qu'en cas de coup de feu il est nécessaire d'enlever les plombs qui pourraient être restés dans la plaie et de cautériser celle-ci avec la pierre infernale. La présence des plombs est accusée par un gonflement de la partie malade. Le sujet ainsi atteint pourra difficilement prendre part aux luttes après son rétablissement mais si c'est un pigeon estimé, il pourra être conservé pour la reproduction. Tout dépend de la gravité de la blessure.

Maladie des yeux

L'affection des yeux se constate à l'époque de la mue et se répand rapidement. Elle est caractérisée par un larmoiement, et un gonflement des paupières. Pour la guérir il faut badigeonner les parties malades avec de l'eau de racine de guimauve tiède et servir à ses pigeons de l'eau ferrugineuse. Ce remède doit être pratiqué plusieurs fois par jour. Les malades doivent être gardés dans une place séparée du colombier et être tenus chaudement.

Vers intestinaux

Le savant éleveur M. Masson attribue la diarrhée vermineuse au développement des vers dans l'économie et le décrit ainsi : « si vous examinez avec attention l'oiseau ma-
« lade, vous vous apercevrez qu'il a la tête rentrée dans les
« ailes, ou dans les épaules. les plumes hérissées, toujours
« à moitié endormi ; rien ne le dérange dans son accoutre-
« ment, il est engourdi, il laisse traîner ses ailes et sa queue
« dans la fiente, il semble qu'il cherche les endroits les plus
« sales pour s'y reposer. Il ne mange plus, il ne boit pas
« davantage, il ne s'aperçoit même pas de votre approche,
« il dessèche sur pied.

« Les voies respiratoires sont encombrées d'une foule de
« petits vers, qui causent de grands dégats dans les intes-
« tins ».

Lorsqu'un pigeon présente les symptômes qui viennent d'être décrits il faut lui administrer un vermifuge consistant en écorce de la racine de grenadier ou les fleurs de la broyère. L'auteur prétend que ce remède donne les meilleurs résultats.

FIN

TABLE DES MATIÈRES

PREMIÈRE PARTIE

Chapitre

DEUXIÈME PARTIE